CAP PSE

PRÉVENTION SANTÉ ENVIRONNEMENT

500 Questions-Réponses pour le CAP

NEO STRATEGIE

FSC
www.fsc.org
MIXTE
Papier issu de sources responsables
Paper from responsible sources
FSC® C105338

Édition : BoD · Books on Demand, 31 avenue Saint-Rémy, 57600 Forbach, bod@bod.fr
Impression : Libri Plureos GmbH, Friedensallee 273, 22763 Hambourg (Allemagne)

ISBN : 978-2-3228-5495-0

Dépôt légal : Juillet 2026

Table des matières

INTRODUCTION

Ce livre est conçu pour vous accompagner efficacement dans la préparation à l'épreuve de Prévention Santé Environnement (PSE) du CAP. Il propose 500 questions-réponses couvrant l'intégralité du programme officiel, avec des réponses développées de 3 à 5 lignes qui permettent une mémorisation active et durable des notions essentielles.

Le livre est organisé en six chapitres thématiques :

Chapitre 1 — Santé (questions 1 à 80)

Chapitre 2 — Alimentation et nutrition (questions 81 à 140)

Chapitre 3 — Premiers secours et sécurité (questions 141 à 200)

Chapitre 4 — Risques professionnels et ergonomie (questions 201 à 290)

Chapitre 5 — Environnement et développement durable (questions 291 à 370)

Chapitre 6 — Vie sociale, protection sociale et droits (questions 371 à 500)

Comment utiliser ce livre :

Lisez chaque question, formulez mentalement votre réponse, puis comparez avec la réponse développée. Pour une révision express, couvrez la réponse et testez vos connaissances. Vous pouvez également réviser par chapitres selon les thèmes sur lesquels vous souhaitez progresser. La régularité est la clé : 20 questions par jour valent mieux qu'une longue session la veille de l'examen.

À propos de Neo Strategie

Composée de formateurs, professionnels de terrain et auteurs pédagogiques, notre équipe conçoit des ouvrages pratiques et efficaces pour aider les candidats à réviser, comprendre et réussir leur formation. Notre objectif : offrir à chaque apprenant un accompagnement structuré, accessible et conforme aux référentiels officiels.

CHAPITRE 1
SANTÉ

Définition de la santé • Maladies • Prévention • Hygiène de vie

---

Q1. **Quelle est la définition de la santé selon l'OMS (1946) ?**

▶ Selon l'OMS, la santé est un état de complet bien-être physique, mental et social, et ne se limite pas à l'absence de maladie ou d'infirmité. Cette définition souligne que la santé est multidimensionnelle et englobe aussi bien le corps que l'esprit et les relations sociales.

Q2. **Quels sont les trois composantes du bien-être selon l'OMS ?**

▶ L'OMS distingue le bien-être physique (corps en bon état de fonctionnement), le bien-être mental (équilibre psychologique et émotionnel) et le bien-être social (qualité des relations avec les autres et intégration dans la société). Ces trois dimensions sont indissociables et s'influencent mutuellement.

Q3. **Citez quatre grands facteurs qui influencent la santé d'un individu.**

▶ Les facteurs biologiques (hérédité, âge, sexe), les facteurs environnementaux (pollution, logement, climat), les facteurs comportementaux (alimentation, activité physique, tabac, alcool) et les facteurs socio-économiques (revenus, niveau d'études, emploi) interagissent en permanence pour déterminer l'état de santé d'une personne.

Q4. **Qu'est-ce que la prévention primaire en santé ?**

▶ La prévention primaire regroupe l'ensemble des actions menées avant l'apparition d'une maladie pour réduire les facteurs de risque et éviter son développement. Elle comprend par exemple la vaccination, l'éducation à la santé, les campagnes anti-tabac ou la promotion d'une alimentation équilibrée.

Q5. Quelle différence y a-t-il entre prévention primaire, secondaire et tertiaire ?

▶ La prévention primaire agit avant la maladie (ex. vaccination), la prévention secondaire cherche à dépister précocement une maladie déjà présente mais asymptomatique (ex. mammographie), et la prévention tertiaire vise à limiter les complications et séquelles d'une maladie déclarée (ex. rééducation après infarctus).

Q6. Qu'est-ce qu'une maladie infectieuse ?

▶ Une maladie infectieuse est causée par des micro-organismes pathogènes tels que des bactéries, des virus, des champignons ou des parasites qui envahissent l'organisme, s'y multiplient et provoquent des troubles. Ces maladies sont transmissibles d'une personne à l'autre selon différentes voies de contagion.

Q7. Quelles sont les quatre principales voies de transmission des maladies infectieuses ?

▶ Les maladies infectieuses se transmettent par voie aérienne (gouttelettes respiratoires lors d'une toux ou d'un éternuement), par voie digestive (eau ou aliments contaminés), par contact direct (peau, muqueuses, sang) et par l'intermédiaire d'un vecteur comme un insecte (ex. moustique pour le paludisme).

Q8. Quel est le geste d'hygiène le plus efficace pour prévenir les maladies infectieuses ?

▶ Le lavage régulier des mains au savon pendant au moins 30 secondes est le geste le plus efficace pour éliminer les micro-organismes pathogènes. Il doit être pratiqué avant et après les repas, après le passage aux toilettes, après avoir touché un animal ou éternué, et lors du retour à domicile.

Q9. Quels sont les trois maillons de la chaîne infectieuse ?

▶ La chaîne infectieuse comprend la source d'infection (l'agent pathogène : bactérie, virus...), le mode de transmission (voie aérienne, digestive, sanguine ou vectorielle) et l'hôte réceptif (la personne exposée et susceptible d'être contaminée). Briser un seul de ces maillons suffit à stopper la propagation de l'infection.

Q10. Pourquoi les antibiotiques sont-ils inefficaces contre les virus ?

▶ Les antibiotiques ciblent des structures spécifiques aux bactéries (paroi cellulaire, ribosomes bactériens) qui n'existent pas chez les virus. Ces derniers utilisent les cellules de l'hôte pour se reproduire, ce qui rend les antibiotiques inopérants, voire nuisibles par sélection de résistances bactériennes.

Q11. Quel est le principe de la vaccination ?

▶ La vaccination consiste à introduire dans l'organisme un agent pathogène atténué, inactivé ou une partie de celui-ci afin de stimuler le système immunitaire sans provoquer la maladie. Le corps fabrique des anticorps spécifiques qui permettront une réponse rapide et efficace en cas de contact ultérieur avec le vrai agent pathogène.

Q12. Quels sont les quatre grands types de vaccins disponibles ?

▶ On distingue les vaccins vivants atténués (ex. ROR contre la rougeole, les oreillons et la rubéole), les vaccins inactivés (ex. grippe, polio injectable), les vaccins sous-unitaires ne contenant qu'une protéine de l'agent pathogène (ex. hépatite B) et les vaccins à ARNm mis au point notamment pour la COVID-19.

Q13. Qu'est-ce que l'immunité collective ?

▶ L'immunité collective, ou immunité de groupe, se produit lorsqu'un pourcentage suffisant de la population est immunisée contre une maladie, empêchant ainsi sa propagation même chez les personnes non vaccinées. Le seuil requis varie selon la contagiosité de la maladie, généralement entre 80 et 95 % de couverture vaccinale.

Q14. Combien de vaccins sont obligatoires pour les enfants nés après 2018 en France ?

▶ Depuis 2018, onze vaccins sont obligatoires pour tous les enfants nés en France : diphtérie, tétanos, poliomyélite, coqueluche, haemophilus influenzae b, hépatite B, pneumocoque, méningocoque

C, rougeole, oreillons et rubéole. Des rappels réguliers sont nécessaires tout au long de la vie.

Q15. **À quelle fréquence doit-on effectuer un rappel vaccinal contre le tétanos à l'âge adulte ?**

▶ Le rappel contre le tétanos, la diphtérie et la poliomyélite doit être réalisé tous les vingt ans entre 25 et 65 ans, puis tous les dix ans au-delà de 65 ans. Le tétanos est une maladie potentiellement mortelle dont la vaccination reste essentielle car l'immunité décroît avec le temps.

Q16. **Qu'est-ce qu'un infarctus du myocarde ?**

▶ L'infarctus du myocarde est une nécrose (destruction) d'une partie du muscle cardiaque due à l'obstruction soudaine d'une artère coronaire, généralement par un caillot. C'est une urgence médicale absolue dont les signes typiques sont une douleur thoracique intense irradiant dans le bras gauche ou la mâchoire, accompagnée de sueurs et de nausées.

Q17. **Quels sont les facteurs de risque modifiables des maladies cardiovasculaires ?**

▶ Les facteurs de risque cardiovasculaire modifiables comprennent le tabagisme, la sédentarité, le surpoids et l'obésité, une alimentation déséquilibrée (riche en graisses saturées, sel et sucre), l'hypertension artérielle non traitée, le diabète mal contrôlé et le stress chronique. Agir sur ces facteurs réduit significativement le risque.

Q18. **Quel facteur de risque cardiovasculaire est qualifié de non modifiable ?**

▶ L'hérédité et les antécédents familiaux constituent des facteurs de risque cardiovasculaire non modifiables : si un parent ou un frère ou une sœur a été victime d'un infarctus ou d'un AVC avant 55 ans pour les hommes ou 65 ans pour les femmes, le risque personnel est significativement augmenté. L'âge et le sexe sont également des facteurs non modifiables.

Q19. **Quelle est la recommandation OMS en matière d'activité physique pour prévenir les maladies cardiovasculaires ?**

▶ L'OMS recommande aux adultes de pratiquer au minimum 150 minutes d'activité d'intensité modérée (marche rapide, vélo tranquille) ou 75 minutes d'activité intense (course, natation) par semaine. Cette pratique régulière contribue à maintenir un poids sain, à réduire la tension artérielle et à améliorer le profil lipidique sanguin.

Q20. **Qu'est-ce qu'un AVC et quels en sont les signes d'alerte ?**

▶ Un Accident Vasculaire Cérébral (AVC) est dû soit à l'obstruction d'un vaisseau cérébral (AVC ischémique, 80 % des cas) soit à sa rupture (AVC hémorragique). Les signes d'alerte sont résumés par l'acronyme FAST : Face (asymétrie du visage), Arm (bras difficile à lever), Speech (troubles de la parole) et Time (appeler le 15 immédiatement).

Q21. **Quelles sont les trois principales substances nocives contenues dans la fumée de cigarette ?**

▶ La fumée de cigarette contient plus de 4 000 substances chimiques parmi lesquelles trois sont particulièrement nocives : la nicotine, responsable de l'addiction en agissant sur les circuits de récompense du cerveau, le monoxyde de carbone qui réduit le transport d'oxygène dans le sang, et les goudrons qui sont cancérigènes et se déposent dans les bronches.

Q22. **Quels sont les principaux cancers liés au tabagisme ?**

▶ Le tabagisme est la première cause de cancer évitable en France. Il est directement responsable de 80 % des cancers du poumon, mais également des cancers de la gorge, de la bouche, de l'œsophage, de la vessie, du rein et du pancréas. Le tabagisme passif présente les mêmes risques pour l'entourage, notamment les enfants.

Q23. **Quels sont les bénéfices de l'arrêt du tabac dès les premières heures ?**

▶ Les bénéfices de l'arrêt du tabac commencent très rapidement : après 20 minutes, la tension artérielle et le rythme cardiaque reviennent à la normale. Après 8 heures, le taux de monoxyde de carbone dans le sang diminue de moitié. Après 24 heures, le risque d'infarctus commence à diminuer, et après 1 an, ce risque est réduit de moitié.

Q24. **Quels moyens existent pour aider à l'arrêt du tabac ?**

▶ Plusieurs aides sont disponibles pour arrêter de fumer : les substituts nicotiniques (patchs, gommes, pastilles, inhalateurs) qui sont remboursés par l'Assurance Maladie, les médicaments sur ordonnance comme la varénicline, l'accompagnement psychologique individuel ou en groupe, et la ligne téléphonique gratuite Tabac Info Service (3989).

Q25. **Qu'est-ce que la BPCO et quel en est le principal facteur de risque ?**

▶ La Broncho-Pneumopathie Chronique Obstructive (BPCO) est une maladie respiratoire caractérisée par une obstruction permanente et progressive des bronches, entraînant une dyspnée (essoufflement) croissante. Elle est causée dans 80 % des cas par le tabagisme et constitue la troisième cause de décès dans le monde selon l'OMS.

Q26. **Quels sont les effets immédiats de la consommation d'alcool sur l'organisme ?**

▶ L'alcool est un dépresseur du système nerveux central. À faibles doses, il entraîne une désinhibition et une euphorie. À doses plus élevées, il provoque des troubles de l'équilibre et de la coordination, un ralentissement des réflexes, des altérations du jugement et de la vision, puis des nausées, vomissements et, dans les cas sévères, un coma éthylique.

Q27. **Quelles sont les recommandations de Santé publique France concernant la consommation d'alcool ?**

▶ Santé publique France recommande de ne pas dépasser 10 verres standard par semaine, de ne pas consommer plus de 2 verres par jour et de prévoir des jours sans alcool chaque semaine. Un verre standard correspond à 10 g d'alcool pur, quelle que soit la boisson (bière 25 cl, vin 10 cl, apéritif 3 cl).

Q28. **Quel est le taux d'alcoolémie légal autorisé pour conduire en France ?**

▶ En France, le taux d'alcoolémie légal est fixé à 0,5 g/L de sang pour les conducteurs habituels. Il est abaissé à 0,2 g/L pour les jeunes conducteurs (moins de 3 ans de permis) et les conducteurs de transports en commun. Au-delà de 0,8 g/L, le délit est plus sévèrement sanctionné pénalement.

Q29. **Quels sont les effets à long terme d'une consommation excessive d'alcool ?**

▶ La consommation excessive et régulière d'alcool entraîne à long terme une cirrhose et un cancer du foie, des maladies cardiovasculaires, des cancers de la bouche, de la gorge, de l'œsophage et du sein, une dépendance physique et psychologique, ainsi que des troubles psychiatriques graves tels que la dépression et des syndromes amnésiques.

Q30. **Combien de temps doit durer un brossage des dents efficace et à quelle fréquence ?**

▶ Un brossage des dents efficace doit durer au minimum deux minutes, deux à trois fois par jour, de préférence après chaque repas. La technique recommandée est le brossage vertical de la gencive vers la dent, en couvrant toutes les surfaces. Le fil dentaire ou la brossette interdentaire doivent compléter le brossage une fois par jour.

Q31. **Pourquoi est-il recommandé de changer de brosse à dents tous les trois mois ?**

▶ La brosse à dents doit être remplacée tous les trois mois car les poils s'usent et s'écartent progressivement, ce qui réduit leur efficacité mécaniques sur la plaque dentaire. De plus, des bactéries et des champignons peuvent coloniser les poils avec le temps, rendant le brossage contre-productif sur le plan hygiénique.

Q32. Quelles sont les conséquences d'une mauvaise hygiène corporelle sur la santé ?

▶ Une hygiène corporelle insuffisante favorise la prolifération des micro-organismes sur la peau et les muqueuses, ce qui peut provoquer des caries dentaires, des gingivites, des infections cutanées, des mycoses et faciliter la transmission de maladies infectieuses. Elle a également un impact sur le lien social par les problèmes d'odeurs corporelles qu'elle entraîne.

Q33. Combien d'heures de sommeil sont recommandées pour un adulte ?

▶ Un adulte a besoin en moyenne de 7 à 9 heures de sommeil par nuit pour assurer une récupération optimale. Les besoins sont plus élevés pour les adolescents (8 à 10 heures) et les enfants (10 à 14 heures selon l'âge). Ces durées sont indicatives car chaque individu a des besoins qui lui sont propres.

Q34. Quelles sont les fonctions essentielles du sommeil pour l'organisme ?

▶ Le sommeil remplit plusieurs fonctions vitales : il permet la récupération physique et la réparation des tissus, consolide la mémoire et les apprentissages acquis dans la journée, régule les émotions et le stress, renforce le système immunitaire et régule les hormones contrôlant notamment l'appétit (leptine et ghréline).

Q35. Quels sont les conseils pratiques pour améliorer la qualité du sommeil ?

▶ Pour améliorer la qualité du sommeil, il est conseillé de se coucher et de se lever à des heures régulières, d'éviter les écrans au moins une heure avant le coucher (la lumière bleue perturbe la production de mélatonine), de maintenir la chambre fraîche (environ 18°C), silencieuse et sombre, et d'éviter la caféine, l'alcool et les repas copieux le soir.

Q36. Quels sont les risques d'un manque chronique de sommeil ?

▶ Le manque chronique de sommeil augmente significativement le risque d'accidents de la route et du travail, favorise le développement de maladies cardiovasculaires, du diabète de type 2 et de l'obésité, affaiblit les défenses immunitaires et altère les fonctions cognitives (mémoire, concentration, prises de décision).

Q37. **Quelle est la différence entre stress aigu et stress chronique ?**

▶ Le stress aigu est une réaction ponctuelle et adaptative de l'organisme face à une situation perçue comme menaçante ; il peut améliorer temporairement les performances et disparaît une fois la situation résolue. Le stress chronique, en revanche, persiste dans le temps et a des effets délétères sur la santé physique et mentale.

Q38. **Quels sont les effets physiologiques du stress sur l'organisme ?**

▶ Face à une situation stressante, le cerveau déclenche la libération d'adrénaline et de cortisol qui accélèrent le rythme cardiaque, augmentent la tension artérielle et mobilisent les réserves d'énergie. Lorsque cette réponse se prolonge (stress chronique), elle provoque des troubles du sommeil, des problèmes digestifs, un affaiblissement immunitaire et un risque accru de maladies cardiovasculaires.

Q39. **Quelle technique simple de gestion du stress peut être pratiquée quotidiennement ?**

▶ La cohérence cardiaque est une technique de respiration très efficace qui consiste à inspirer pendant 5 secondes et expirer pendant 5 secondes, à raison de 6 respirations par minute, pendant 5 minutes. Pratiquée trois fois par jour, elle régule le rythme cardiaque, réduit le cortisol et améliore l'état émotionnel de façon durable.

Q40. **Quelle est la seule méthode contraceptive qui protège également des IST ?**

▶ Le préservatif, qu'il soit masculin ou féminin, est la seule méthode contraceptive qui protège simultanément contre les grossesses non désirées et les infections sexuellement transmissibles. Les autres méthodes (pilule, stérilet, implant) sont efficaces pour la contraception mais n'offrent aucune protection contre les IST.

Q41. Qu'est-ce que l'indice de Pearl et que mesure-t-il ?

▶ L'indice de Pearl mesure l'efficacité contraceptive d'une méthode en exprimant le nombre de grossesses survenues pour 100 femmes utilisant cette méthode pendant un an. Plus l'indice est bas, plus la méthode est efficace. Par exemple, l'indice de Pearl de la pilule est de 0,3 en usage parfait et celui du préservatif seul est d'environ 2.

Q42. Qu'est-ce que la contraception d'urgence et dans quel délai doit-elle être prise ?

▶ La contraception d'urgence (pilule du lendemain) est un traitement hormonal à prendre le plus tôt possible après un rapport sexuel non ou mal protégé, dans un délai maximum de 72 heures (3 jours) pour être efficace. Une autre forme, à base d'ulipristal, est efficace jusqu'à 5 jours. Elle est disponible sans ordonnance et gratuitement pour les mineures.

Q43. Depuis quand la contraception est-elle gratuite pour les personnes de moins de 26 ans en France ?

▶ Depuis le 1er janvier 2022, la contraception est entièrement gratuite et sans avance de frais pour toutes les personnes de moins de 26 ans en France, qu'elles soient mineures ou majeures. Cela concerne la consultation médicale, les examens biologiques nécessaires et les contraceptifs remboursables (pilules, stérilet, implant, patch...).

Q44. Quelles sont les principales infections sexuellement transmissibles (IST) ?

▶ Les principales IST comprennent le VIH/SIDA (viral, détruit les défenses immunitaires), la chlamydia (bactérienne, souvent asymptomatique, très répandue chez les jeunes), la syphilis (bactérienne, en recrudescence), la gonorrhée (bactérienne, avec résistances croissantes aux antibiotiques), les hépatites B et C, l'herpès génital et les papillomavirus (HPV).

Q45. Pourquoi le dépistage régulier des IST est-il important même sans symptômes ?

▶ De nombreuses IST comme la chlamydia, la gonorrhée et même le VIH peuvent être totalement asymptomatiques pendant des mois ou des années, tout en étant transmissibles et en causant des complications graves (infertilité, cancers). Le dépistage régulier permet un traitement précoce, limite les transmissions et évite des complications irréversibles.

Q46. **Qu'est-ce que la PrEP et à qui est-elle destinée ?**

▶ La PrEP (Prophylaxie Pré-Exposition) est un traitement antirétroviral pris quotidiennement par des personnes séronégatives présentant un risque élevé de contracter le VIH. Remboursée en France depuis 2016, elle est prescrite aux personnes ayant des partenaires multiples ou séropositifs, et réduit le risque d'infection de plus de 90 % lorsqu'elle est bien suivie.

Q47. **Quelle est la recommandation officielle de l'OMS en matière d'activité physique pour les adultes ?**

▶ L'OMS recommande aux adultes de 18 à 64 ans de pratiquer au minimum 150 à 300 minutes d'activité d'intensité modérée par semaine (marche rapide, vélo tranquille, natation légère) ou 75 à 150 minutes d'activité intense, et d'intégrer des exercices de renforcement musculaire au moins deux fois par semaine.

Q48. **Qu'est-ce que la sédentarité et en quoi est-elle dangereuse même pour une personne sportive ?**

▶ La sédentarité désigne le fait de rester assis ou allongé de longues heures sans dépenser d'énergie (plus de 8 heures/jour). Des études montrent qu'une longue période de sédentarité augmente le risque de maladies cardiovasculaires, de diabète et de certains cancers, même chez des personnes par ailleurs physiquement actives, ce qui justifie de se lever régulièrement.

Q49. **Quels sont les bénéfices psychologiques de l'activité physique régulière ?**

▶ L'activité physique régulière libère des endorphines et de la dopamine qui améliorent l'humeur et réduisent l'anxiété. Elle réduit les symptômes de dépression, améliore la qualité du sommeil, renforce l'estime de soi et les fonctions cognitives, notamment la mémoire et la concentration. Elle est d'ailleurs recommandée comme traitement complémentaire de la dépression légère à modérée.

Q50. **Quelle est la différence entre le diabète de type 1 et le diabète de type 2 ?**

▶ Le diabète de type 1 est une maladie auto-immune dans laquelle le système immunitaire détruit les cellules bêta du pancréas productrices d'insuline ; il touche souvent les enfants et nécessite des injections d'insuline à vie. Le diabète de type 2, le plus fréquent (90 % des cas), est caractérisé par une résistance des cellules à l'insuline et est largement favorisé par l'obésité et la sédentarité.

Q51. **Quels sont les signes cliniques évocateurs d'un diabète non diagnostiqué ?**

▶ Les symptômes classiques du diabète non traité comprennent une soif intense et persistante (polydipsie), des urines fréquentes et abondantes (polyurie), une fatigue chronique inexpliquée, un amaigrissement rapide malgré un appétit conservé et des plaies qui cicatrisent mal. Cependant, le diabète de type 2 est souvent silencieux pendant plusieurs années.

Q52. **Quelles sont les principales complications à long terme du diabète mal contrôlé ?**

▶ Un diabète insuffisamment contrôlé entraîne progressivement des complications sévères : des atteintes oculaires pouvant conduire à la cécité (rétinopathie), des lésions rénales (néphropathie diabétique), des atteintes nerveuses (neuropathie), un risque d'infarctus et d'AVC multiplié par deux à quatre, et des plaies chroniques des pieds qui peuvent conduire à une amputation.

Q53. **Qu'est-ce qu'un cancer et comment se développe-t-il ?**

▶ Un cancer résulte d'une multiplication incontrôlée et anarchique de cellules anormales qui forment une tumeur maligne. Ces cellules peuvent envahir les tissus voisins et se propager à distance pour former des métastases. Tous les organes peuvent être touchés. En

France, les cancers les plus fréquents sont ceux du poumon, du sein, du côlon-rectum et de la prostate.

Q54. **Quel pourcentage des cancers est considéré comme évitable par des mesures de prévention ?**

▶ Selon les estimations scientifiques actuelles, plus de 40 % des cancers seraient évitables grâce à des modifications des habitudes de vie. Le tabac est le premier facteur de risque évitable, suivi par l'alcool, le surpoids et l'obésité, l'exposition aux UV, la sédentarité et certaines infections comme le papillomavirus (HPV).

Q55. **Quels sont les trois dépistages organisés du cancer en France et pour quelles populations ?**

▶ La France organise trois dépistages : la mammographie pour le cancer du sein, recommandée tous les deux ans pour les femmes de 50 à 74 ans ; le test immunologique fécal pour le cancer colorectal, recommandé tous les deux ans pour les hommes et femmes de 50 à 74 ans ; et le frottis cervico-utérin pour le cancer du col de l'utérus, recommandé tous les trois ans pour les femmes de 25 à 65 ans.

Q56. **Quelle est la définition de la santé mentale selon l'OMS ?**

▶ Selon l'OMS, la santé mentale est un état de bien-être dans lequel une personne peut se réaliser, surmonter les tensions normales de la vie, accomplir un travail productif et contribuer à la vie de sa communauté. Elle ne se réduit pas à l'absence de maladie mentale mais englobe le bien-être psychologique global.

Q57. **Quels sont les signes d'alerte d'un trouble de la santé mentale ?**

▶ Les principaux signes d'alerte sont : une tristesse ou une angoisse persistante pendant plus de deux semaines, un isolement social progressif, des troubles durables du sommeil ou de l'appétit, des difficultés de concentration importantes affectant la vie quotidienne, un sentiment d'inutilité ou de culpabilité excessif, et des pensées négatives récurrentes voire des idées suicidaires.

Q58. Quel numéro national contacter en cas de pensées suicidaires en France ?

▶ Le 3114 est le numéro national de prévention du suicide, disponible 24 heures sur 24, 7 jours sur 7, gratuit depuis n'importe quel téléphone. Des professionnels de santé mentale spécialement formés répondent et peuvent orienter vers une aide adaptée. Il peut être appelé par les personnes en crise mais aussi par leur entourage.

Q59. Qu'est-ce que le burn-out et quels en sont les trois symptômes principaux ?

▶ Le burn-out, ou épuisement professionnel, est un syndrome résultant d'un stress chronique au travail non géré. Il se caractérise par trois dimensions : l'épuisement émotionnel (se sentir vidé de toute énergie), la dépersonnalisation ou cynisme (distanciation froide envers son travail et ses collègues) et un sentiment de perte d'accomplissement et d'efficacité personnelle.

Q60. Quels professionnels de santé peut-on consulter en cas de difficultés psychologiques ?

▶ En cas de difficultés psychologiques, on peut consulter en premier lieu le médecin traitant qui oriente et prescrit si nécessaire. Le psychologue propose des thérapies de soutien et comportementales, et depuis 2022 certaines consultations sont remboursées via le dispositif MonPsy. Le psychiatre, médecin spécialiste, peut prescrire des médicaments et assurer un suivi plus intensif.

Q61. Quels sont les effets des écrans sur le sommeil des jeunes ?

▶ La lumière bleue émise par les écrans (smartphones, tablettes, ordinateurs) inhibe la production de mélatonine, l'hormone du sommeil, retardant l'endormissement et réduisant la durée du sommeil profond. Pour les enfants et adolescents, dont le développement neurologique est en cours, cette perturbation du sommeil altère la mémoire, la concentration et la régulation émotionnelle.

Q62. **Quelles sont les recommandations sur le temps d'écran selon l'âge des enfants ?**

▶ Les recommandations pédiatriques préconisent aucun écran avant 2 ans sauf visioconférence, 30 minutes maximum par jour entre 2 et 6 ans, une heure maximum entre 6 et 10 ans, deux heures maximum entre 11 et 14 ans, et trois heures maximum à partir de 15 ans. Ces limites visent à préserver le développement du cerveau et les interactions sociales.

Q63. **Comment fonctionne le système immunitaire pour nous défendre ?**

▶ Le système immunitaire dispose de deux lignes de défense complémentaires : l'immunité innée, rapide et non spécifique, constituée des barrières physiques (peau, muqueuses) et des cellules phagocytaires (neutrophiles, macrophages) qui détruisent les agents pathogènes en quelques heures. L'immunité adaptative, plus lente, produit des anticorps spécifiques (lymphocytes B) et des cellules cytotoxiques (lymphocytes T) avec une mémoire immunologique durable.

Q64. **Quels facteurs affaiblissent le système immunitaire ?**

▶ Le système immunitaire est fragilisé par le stress chronique (qui élève le cortisol), le manque de sommeil, une alimentation carencée (déficits en vitamines C, D, zinc), la sédentarité, le tabagisme et l'alcool, certaines maladies (VIH, cancers) et traitements immunosuppresseurs (chimiothérapie, corticoïdes). Tous ces facteurs réduisent les capacités de défense de l'organisme.

Q65. **Qu'est-ce que la ménopause et quelles en sont les conséquences sur la santé ?**

▶ La ménopause est l'arrêt définitif des menstruations survenant en moyenne à 51 ans en France, consécutif à l'épuisement des follicules ovariens et à la chute des œstrogènes. Elle peut entraîner des bouffées de chaleur, des troubles du sommeil, une sécheresse vaginale et des sautes d'humeur. À long terme, elle augmente le risque d'ostéoporose et de maladies cardiovasculaires.

Q66. Qu'est-ce que l'endométriose et pourquoi son diagnostic est-il souvent tardif ?

▶ L'endométriose est une maladie gynécologique dans laquelle du tissu semblable à la muqueuse utérine se développe en dehors de l'utérus, provoquant des douleurs pelviennes intenses, des règles douloureuses et pouvant affecter la fertilité. Le diagnostic est souvent posé avec un retard moyen de sept ans car les douleurs menstruelles sont fréquemment banalisées.

Q67. Qu'est-ce que les soins palliatifs et quel est leur objectif ?

▶ Les soins palliatifs sont des soins actifs et globaux prodigués aux personnes atteintes de maladies graves, évolutives ou en phase terminale pour qui un traitement curatif n'est plus possible. Leur objectif n'est pas d'accélérer la mort ni de la retarder artificiellement, mais de soulager la douleur physique et psychologique et d'améliorer la qualité de vie jusqu'au bout.

Q68. Que sont les directives anticipées et qui peut les rédiger ?

▶ Les directives anticipées sont un document écrit par lequel toute personne majeure peut exprimer ses souhaits sur les conditions de sa prise en charge médicale en fin de vie, notamment en cas d'incapacité à s'exprimer. Elles s'imposent au médecin sauf urgence vitale. Elles peuvent être modifiées ou révoquées à tout moment et doivent être accessibles au personnel soignant.

Q69. Qu'est-ce que la sarcopénie et comment la prévenir ?

▶ La sarcopénie désigne la diminution progressive et généralisée de la masse, de la force et de la fonction musculaire associée au vieillissement. Elle commence dès l'âge de 30 ans (perte de 3 à 8 % par décennie) et s'accélère après 60 ans. Elle se prévient efficacement par une activité physique régulière incluant des exercices de résistance et une alimentation riche en protéines.

Q70. Quels sont les effets du vieillissement normal sur le système cardiovasculaire ?

▶ Avec l'âge, le cœur voit ses parois s'épaissir et sa souplesse diminuer, réduisant les capacités d'adaptation à l'effort. Les artères deviennent plus rigides (artériosclérose), ce qui augmente la tension artérielle et le travail du cœur. Ces modifications normales du vieillissement expliquent l'augmentation du risque cardiovasculaire avec l'âge et l'importance d'un suivi médical régulier.

Q71. **Quelle est la différence entre macronutriments et micronutriments ?**

▶ Les macronutriments (glucides, lipides, protéines) sont consommés en grandes quantités et fournissent l'énergie nécessaire à l'organisme. Les micronutriments (vitamines, minéraux, oligo-éléments) sont nécessaires en très petites quantités mais sont indispensables à la régulation de nombreuses fonctions biologiques ; ils ne fournissent aucune énergie.

Q72. **Quel nutriment fournit le plus d'énergie par gramme ?**

▶ Les lipides (graisses) fournissent 9 kilocalories par gramme, ce qui en fait le nutriment le plus énergétique. À titre de comparaison, les glucides et les protéines fournissent chacun 4 kilocalories par gramme. Cette densité énergétique élevée des lipides explique leur rôle de réserve énergétique dans l'organisme (tissu adipeux).

Q73. **Quel est le rôle des protéines dans l'organisme ?**

▶ Les protéines assurent principalement la construction, le maintien et la réparation des tissus de l'organisme (muscles, peau, organes). Elles constituent également les enzymes, les hormones (insuline, hormones thyroïdiennes), les anticorps immunitaires et les protéines de transport du sang (hémoglobine). Les besoins en protéines sont de 0,8 g par kilo de poids corporel par jour pour un adulte sédentaire.

Q74. **Quelle est la fonction du calcium dans l'organisme et quelles en sont les sources alimentaires ?**

▶ Le calcium est le minéral le plus abondant du corps humain. Il est indispensable à la construction et au maintien de la solidité des os et des dents (99 % du calcium corporel), à la contraction musculaire et cardiaque, et à la coagulation sanguine. Les principales sources alimentaires sont les produits laitiers, les légumes verts (brocolis, épinards), les légumineuses et les eaux minérales calciques.

Q75. **Quel est le rôle de la vitamine D et comment l'organisme peut-il la synthétiser ?**

▶ La vitamine D est essentielle à l'absorption intestinale du calcium et du phosphore, à la minéralisation des os et des dents, et au bon fonctionnement du système immunitaire. L'organisme la synthétise naturellement dans la peau sous l'action des rayons ultraviolets du soleil (UVB). Les sources alimentaires en restant insuffisantes, une supplémentation est souvent nécessaire en hiver.

Q76. **Pourquoi l'eau est-elle considérée comme un nutriment essentiel ?**

▶ L'eau est indispensable à la vie car elle représente environ 60 % du poids corporel et intervient dans toutes les réactions métaboliques. Elle transporte les nutriments et les déchets, régule la température corporelle (transpiration), lubrifie les articulations et assure la digestion. Les besoins journaliers sont de 1,5 à 2 litres par jour dans des conditions normales.

Q77. **Comment est composée une assiette équilibrée selon les recommandations françaises ?**

▶ Selon les recommandations du PNNS, une assiette équilibrée se compose d'une moitié de légumes (crus et/ou cuits), d'un quart de féculents (pain, pâtes, riz, pommes de terre, de préférence complets) et d'un quart de protéines (viande, poisson, œufs ou légumineuses). Un produit laitier, un fruit et de l'eau complètent idéalement le repas.

Q78. **Quelles sont les principales recommandations du PNNS (Programme National Nutrition Santé) ?**

▶ Le PNNS recommande de consommer au moins 5 fruits et légumes par jour, des féculents à chaque repas (de préférence complets), 2 à 3 produits laitiers par jour, du poisson 2 fois par semaine, de limiter les graisses saturées, les sucres ajoutés et le sel, de boire 1,5 L d'eau par jour et de réduire la consommation de boissons sucrées et d'alcool.

Q79. Qu'est-ce que le Nutri-Score et comment fonctionne-t-il ?

▶ Le Nutri-Score est un logo d'étiquetage nutritionnel à cinq niveaux allant de A (en vert, meilleure qualité nutritionnelle) à E (en rouge, qualité moindre). Il est calculé en croisant les éléments à favoriser (fibres, protéines, fruits et légumes) et ceux à limiter (énergie, sucres, graisses saturées, sel). Il permet de comparer des produits d'une même catégorie alimentaire.

Q80. Quelle est la répartition recommandée des macronutriments dans l'alimentation quotidienne ?

▶ Les recommandations nutritionnelles françaises préconisent que les glucides fournissent 50 à 55 % des apports énergétiques totaux journaliers, les lipides 35 à 40 % et les protéines 10 à 15 %. Ces proportions assurent un apport énergétique équilibré et couvrent les besoins en tous les nutriments essentiels pour maintenir une bonne santé.

CHAPITRE 2
ALIMENTATION

Nutriments • Équilibre alimentaire • Sécurité alimentaire • TCA

Q81. **Comment calcule-t-on l'Indice de Masse Corporelle (IMC) et que signifient ses valeurs ?**

▶ L'IMC se calcule en divisant le poids (en kilogrammes) par le carré de la taille (en mètres). Un IMC inférieur à 18,5 indique une maigreur, entre 18,5 et 24,9 une corpulence normale, entre 25 et 29,9 un surpoids et supérieur ou égal à 30 une obésité (avec trois degrés de sévérité). C'est un outil d'évaluation simple mais qui ne tient pas compte de la répartition des graisses.

Q82. **Quelles sont les conséquences de l'obésité sur la santé ?**

▶ L'obésité est associée à de nombreuses complications : diabète de type 2, maladies cardiovasculaires (hypertension, infarctus, AVC), apnée du sommeil, problèmes articulaires (arthrose), certains cancers (sein, côlon, endomètre), reflux gastro-œsophagien et un impact psychologique important (dépression, discrimination). Elle réduit significativement l'espérance de vie.

Q83. **Pourquoi les régimes très restrictifs sont-ils déconseillés ?**

▶ Les régimes très restrictifs entraînent souvent un effet yoyo : une perte de poids rapide suivie d'une reprise de poids encore plus importante. Ils provoquent des carences nutritionnelles, une diminution de la masse musculaire (le corps brûle ses protéines), et peuvent favoriser des troubles du comportement alimentaire. Le rééquilibrage alimentaire progressif associé à l'activité physique est la seule approche durable.

Q84. **Qu'est-ce qu'une TIAC et quelles en sont les principales bactéries responsables ?**

▶ Une Toxi-Infection Alimentaire Collective (TIAC) survient lorsqu'au moins deux personnes présentent des symptômes digestifs similaires après avoir consommé un même aliment contaminé. Les principales bactéries responsables sont les Salmonelles (volailles, œufs), les staphylocoques (crèmes, charcuteries), la Listéria (fromages, charcuteries) et E. coli (viande hachée, légumes crus).

Q85. **Quelle est la différence entre DLC et DDM sur les emballages alimentaires ?**

▶ La DLC (Date Limite de Consommation) concerne les aliments microbiologiquement fragiles (viandes, poissons, produits frais) et est une limite de sécurité : après cette date, la consommation du produit peut présenter un danger pour la santé. La DDM (Date de Durabilité Minimale, ancienne DLUO) concerne la qualité organoleptique ; le produit peut être consommé après sans risque sanitaire.

Q86. **Quelle est la température maximale à respecter dans un réfrigérateur pour la sécurité alimentaire ?**

▶ La zone froide du réfrigérateur doit être maintenue entre 0 et 4°C pour freiner la multiplication des bactéries pathogènes. Le congélateur doit être à -18°C minimum. Le non-respect de la chaîne du froid est l'une des principales causes de toxi-infections alimentaires. Un thermomètre de réfrigérateur est recommandé pour contrôler la température.

Q87. **Qu'est-ce que la méthode HACCP et à qui s'applique-t-elle ?**

▶ La méthode HACCP (Hazard Analysis Critical Control Points — analyse des dangers et maîtrise des points critiques) est une approche préventive de la sécurité alimentaire obligatoire pour tous les professionnels de la restauration et de l'agroalimentaire. Elle identifie les dangers biologiques, chimiques et physiques à chaque étape de la production alimentaire et définit des mesures de maîtrise.

Q88. **Qu'est-ce que la marche en avant en cuisine professionnelle ?**

▶ La marche en avant est un principe fondamental d'hygiène en cuisine professionnelle selon lequel les aliments progressent d'une zone sale (livraison, déchets) vers une zone de plus en plus propre (préparation, cuisson, dressage) sans jamais revenir en arrière, afin d'éviter toute contamination croisée entre des denrées propres et des zones ou produits souillés.

Q89. **Quels sont les principaux troubles du comportement alimentaire (TCA) ?**

▶ Les TCA comprennent principalement l'anorexie mentale (restriction alimentaire sévère accompagnée d'une peur intense de grossir et d'une perception déformée de son corps), la boulimie (crises d'alimentation incontrôlables suivies de comportements compensatoires comme les vomissements ou l'utilisation de laxatifs) et l'hyperphagie boulimique (crises alimentaires sans comportements compensatoires).

Q90. **Quels sont les signaux d'alerte d'un trouble du comportement alimentaire ?**

▶ Les signaux d'alerte d'un TCA incluent une perte ou prise de poids rapide et inexpliquée, une obsession pour les aliments, les calories ou le poids, l'évitement des repas en famille ou sociaux, des disparitions fréquentes aux toilettes après les repas, une fatigue chronique, une fragilité des ongles et des cheveux, et des changements d'humeur importants liés à l'alimentation.

Q91. **Pourquoi les TCA sont-ils considérés comme de véritables maladies psychiatriques ?**

▶ Les TCA sont des troubles mentaux complexes impliquant des perturbations neurobiologiques, psychologiques et comportementales profondes. Ils ne sont pas de simples caprices ou modes mais des maladies graves avec des comorbidités psychiatriques importantes (dépression, anxiété) et des complications médicales sévères pouvant engager le pronostic vital, notamment dans l'anorexie mentale.

Q92. **Quel est le rôle des glucides dans l'alimentation du sportif ?**

▶ Les glucides constituent le carburant principal du muscle pendant l'exercice physique. Ils sont stockés sous forme de glycogène dans les muscles et le foie. Un repas riche en glucides complexes (pâtes, riz, pain complet) doit être consommé environ 3 heures avant l'effort. Pendant un effort prolongé supérieur à une heure, un apport glucidique est nécessaire pour maintenir la performance.

Q93. **Quels sont les besoins en protéines d'un sportif comparé à un sédentaire ?**

▶ Un adulte sédentaire a besoin d'environ 0,8 g de protéines par kilo de poids corporel par jour. Un sportif pratiquant une activité d'endurance a besoin de 1,2 à 1,6 g/kg/jour, et un sportif de force (musculation) peut nécessiter jusqu'à 1,8 à 2 g/kg/jour pour favoriser la reconstruction et l'hypertrophie musculaire après l'effort.

Q94. **Pourquoi l'hydratation est-elle cruciale pendant l'effort physique ?**

▶ Pendant l'effort, l'organisme perd de l'eau par la transpiration, parfois jusqu'à 2 litres par heure. Une déshydratation même légère (1 à 2 % du poids corporel) entraîne une diminution des performances de 10 à 20 %, une augmentation du rythme cardiaque et de la température corporelle, des crampes et une fatigue accrue. Il faut boire 150 à 200 ml toutes les 20 minutes pendant l'effort.

Q95. **Quels sont les trois numéros d'urgence à connaître en France ?**

▶ En France, les trois numéros d'urgence essentiels sont le 15 (SAMU pour les urgences médicales), le 18 (sapeurs-pompiers pour les incendies et secours d'urgence) et le 17 (police secours pour les problèmes de sécurité publique). Le 112 est le numéro européen unique d'urgence, accessible depuis n'importe quel téléphone même sans carte SIM.

Q96. **Quelle est la conduite à tenir lors d'un arrêt cardio-respiratoire (ACR) ?**

▶ Face à une victime inconsciente qui ne respire pas (ou présente une respiration anormale), il faut immédiatement alerter les secours (15 ou

18), puis commencer la RCP : 30 compressions thoraciques au rythme de 100 à 120 par minute (enfoncer le sternum de 5 à 6 cm) alternées avec 2 insufflations. Si un défibrillateur automatique (DAE) est disponible, l'utiliser sans délai.

Q97. **Comment fonctionne un défibrillateur automatique externe (DAE) et qui peut l'utiliser ?**

▶ Le DAE est un appareil sécurisé qui analyse le rythme cardiaque de la victime et délivre si nécessaire un choc électrique pour tenter de rétablir un rythme normal (défibrillation). Il est utilisable par toute personne, même sans formation médicale, car il guide l'utilisateur par des instructions vocales claires. Il est présent dans de nombreux lieux publics (gares, centres commerciaux, mairies).

Q98. **Qu'est-ce que la PLS et dans quelle situation faut-il la mettre en place ?**

▶ La Position Latérale de Sécurité (PLS) est réservée aux victimes inconscientes qui respirent encore normalement. Elle maintient les voies aériennes dégagées, prévient l'obstruction par la langue et facilite l'écoulement des liquides (vomissements) pour éviter que la victime ne s'étouffe. Elle ne doit jamais être utilisée si la victime ne respire pas (commencer la RCP dans ce cas).

Q99. **Comment réaliser correctement la PLS étape par étape ?**

▶ Pour mettre en PLS : s'agenouiller à côté de la victime, placer le bras proche à angle droit (coude plié), amener l'autre main sous la joue, saisir le genou éloigné et tirer pour retourner la victime sur le côté, ouvrir la bouche, vérifier la respiration et appuyer sur le genou fléchi pour stabiliser. Surveiller la respiration en permanence jusqu'à l'arrivée des secours.

Q100. **Quels sont les différents degrés de brûlures et leurs caractéristiques ?**

▶ Les brûlures se classent en trois degrés : le premier degré (rougeur et douleur uniquement, épiderme atteint, comme un coup de soleil léger), le deuxième degré (cloques douloureuses indiquant une atteinte du derme, superficiel ou profond), et le troisième degré (destruction totale de la peau, aspect blanc ou carbonisé, indolore car les nerfs sont détruits — urgence absolue).

Q101. **Quelle est la conduite à tenir face à une brûlure thermique superficielle ?**

▶ Face à une brûlure thermique, il faut immédiatement refroidir la zone brûlée avec de l'eau fraîche (entre 15 et 25°C) pendant 15 minutes minimum, tout en maintenant la victime au chaud pour éviter l'hypothermie. Il ne faut surtout pas percer les cloques, appliquer de corps gras, de glace ou d'alcool. Appeler le 15 si la brûlure est étendue, profonde, ou touche le visage ou les mains.

Q102. **Quels critères justifient l'appel immédiat du 15 pour une brûlure ?**

▶ Il faut appeler le SAMU (15) immédiatement si la brûlure est de troisième degré, si elle s'étend sur plus de 1 % de la surface corporelle (paume d'une main environ), si elle touche le visage, les mains, les pieds, les articulations ou les organes génitaux, si la victime est un enfant ou une personne âgée, ou si la brûlure est d'origine électrique ou chimique.

Q103. **Qu'est-ce que la manœuvre de Heimlich et dans quelle situation l'utiliser ?**

▶ La manœuvre de Heimlich est utilisée en cas d'obstruction totale des voies aériennes chez un adulte ou un enfant de plus d'un an qui ne peut ni tousser ni parler (cyanose). Elle consiste à se placer derrière la victime, à former un poing sous le sternum et à effectuer 5 compressions abdominales fermes vers l'intérieur et vers le haut, alternées avec 5 tapes dans le dos.

Q104. **Pourquoi la manœuvre de Heimlich est-elle contre-indiquée chez les nourrissons ?**

▶ La manœuvre de Heimlich est contre-indiquée chez les bébés de moins d'un an car la pression abdominale risque de provoquer de graves lésions internes (rupture du foie ou de la rate). Pour un nourrisson qui s'étouffe, on alterne 5 tapes vigoureuses dans le dos (entre les omoplates) et 5 compressions thoraciques au niveau du sternum, sur une surface ferme, tête légèrement inclinée vers le bas.

Q105. **Comment reconnaître un arrêt cardio-respiratoire chez un adulte ?**

▶ Un arrêt cardio-respiratoire se reconnaît par une absence de réponse aux stimulations (inconscience), une absence de respiration normale après avoir libéré les voies aériennes et regardé la respiration pendant 10 secondes maximum (on peut observer des gasps qui ne constituent pas une respiration efficace). La présence de ces deux critères impose de débuter immédiatement la RCP.

Q106. **Que faire en cas de saignement abondant (hémorragie externe) ?**

▶ En cas d'hémorragie externe abondante, il faut appuyer fermement et sans relâcher sur la plaie avec un tissu propre ou sa main pendant 10 à 15 minutes minimum, appeler le 15 si le saignement ne s'arrête pas, allonger la victime, ne pas retirer un objet planté dans la plaie. Le garrot manuel n'est recommandé qu'en cas d'hémorragie cataclysmique (membre sectionné) ingérable par compression directe.

Q107. **Que faire si une victime a ingéré un produit toxique ?**

▶ En cas d'ingestion d'un produit toxique, il faut appeler immédiatement le Centre Antipoison (0800 59 59 59) ou le 15 en fournissant le nom du produit et la quantité ingérée. Il ne faut surtout pas faire vomir la victime car des produits corrosifs (acides, bases) peuvent aggraver les brûlures au niveau de l'œsophage lors du vomissement. En cas de projection oculaire, rincer à l'eau claire pendant 15 minutes.

Q108. **Comment reconnaître et gérer une crise d'hypoglycémie ?**

▶ L'hypoglycémie (taux de sucre sanguin trop bas) se manifeste par une pâleur soudaine, des sueurs froides, des tremblements, une confusion, des palpitations et une sensation de faim intense. Si la victime est consciente, donner rapidement du sucre rapide : 3 morceaux de sucre ou un jus de fruit, à renouveler si nécessaire. Si elle perd connaissance, ne rien donner par la bouche et appeler le 15.

Q109. Que faire face à une crise d'épilepsie ?

▶ Face à une crise épileptique convulsive, il faut protéger la tête de la victime (placer quelque chose de doux dessous), éloigner les objets dangereux, ne pas tenter de retenir la victime ni de mettre quoi que ce soit dans sa bouche. Après la crise (phase postictale), la mettre en PLS si elle est inconsciente mais respire, et appeler le 15 si la crise dure plus de 5 minutes ou si c'est la première fois.

Q110. Quelle est la conduite à tenir face à une fracture suspectée ?

▶ En cas de fracture suspectée, il ne faut surtout pas mobiliser le membre blessé pour éviter d'aggraver les lésions. Il faut immobiliser dans la position trouvée en utilisant une attelle si disponible, appeler les secours (15 ou 18), couvrir la victime pour éviter le refroidissement et rassurer la personne. Si une fracture de la colonne vertébrale est suspectée après un choc violent, ne pas bouger la victime du tout.

Q111. Quels sont les signes cliniques permettant de suspecter une fracture ?

▶ Les signes évocateurs d'une fracture sont : une douleur intense qui augmente lors des tentatives de mouvement, une déformation visible du membre ou d'un segment osseux, un gonflement et une ecchymose (bleu) apparaissant rapidement, et une impotence fonctionnelle (incapacité à mobiliser normalement le membre). Seule une radiographie peut confirmer définitivement le diagnostic.

Q112. Comment prendre en charge une plaie simple à domicile ?

▶ Une plaie simple doit d'abord être nettoyée sous l'eau du robinet courante pendant plusieurs minutes, puis savonnée délicatement avec du savon doux et rincée. On désinfecte ensuite avec un antiseptique adapté (chlorhexidine), puis on couvre avec un pansement propre. Il faut consulter un médecin si la plaie est profonde, souillée, s'accompagne d'une morsure animale, ou si la vaccination antitétanique n'est pas à jour.

Q113. **Qu'est-ce qu'un malaise vagal et comment le prendre en charge ?**

▶ Le malaise vagal (syncope vagale) est une perte de connaissance brève et bénigne causée par une chute soudaine de la tension artérielle, souvent déclenchée par une émotion forte, la vue du sang, la douleur ou la chaleur. La prise en charge consiste à allonger la victime sur le dos avec les jambes surélevées pour favoriser le retour du sang au cerveau, la faire respirer calmement et la surveiller jusqu'au retour complet à la conscience.

Q114. **Quels sont les principes de base de la RCP chez l'enfant de 1 à 8 ans ?**

▶ La RCP pédiatrique débute par 5 insufflations initiales (le rapport insufflations/compressions est inversé par rapport à l'adulte), puis alterne 30 compressions thoraciques pour 2 insufflations. La profondeur des compressions est d'un tiers du diamètre thoracique de l'enfant. Le rythme reste de 100 à 120 compressions par minute. En cas de doute sur la prise en charge, suivre les instructions du 15.

Q115. **Quelle est la différence entre un danger et un risque professionnel ?**

▶ Le danger est une propriété intrinsèque d'une situation, d'une substance ou d'un équipement susceptible de causer un dommage (ex : le tranchant d'un couteau est un danger). Le risque est la probabilité qu'un dommage survienne compte tenu de l'exposition à ce danger. On peut formuler ainsi : Risque = Danger × Exposition.

Q116. **Qu'est-ce que le Document Unique d'Évaluation des Risques Professionnels (DUERP) ?**

▶ Le DUERP est un document obligatoire dans toute entreprise employant au moins un salarié depuis 2001. Il recense l'ensemble des risques professionnels auxquels sont exposés les travailleurs et les mesures de prévention mises en place. Il doit être mis à jour au minimum une fois par an et à chaque changement significatif dans les conditions de travail ou en cas d'accident grave.

Q117. Quelles sont les six grandes catégories de risques professionnels ?

▶ Les risques professionnels se classent en six grandes catégories : les risques mécaniques (coupures, chutes, coincements), les risques chimiques (produits toxiques, irritants, cancérigènes), les risques biologiques (bactéries, virus, champignons), les risques physiques (bruit, vibrations, rayonnements, chaleur), les risques ergonomiques (postures, gestes répétitifs, manutention) et les risques psychosociaux (stress, harcèlement).

Q118. Qu'est-ce qu'un accident du travail selon la définition juridique française ?

▶ Selon le Code de la Sécurité Sociale, un accident du travail est tout accident survenu par le fait ou à l'occasion du travail, quelle qu'en soit la cause, entraînant une lésion corporelle. Il se distingue de la maladie professionnelle par son caractère soudain. L'accident de trajet (domicile-lieu de travail) bénéficie d'une protection similaire mais distincte.

Q119. Quelles sont les étapes de la déclaration d'un accident du travail ?

▶ En cas d'accident du travail, le salarié doit informer son employeur dans les 24 heures et consulter un médecin qui établit le certificat médical initial. L'employeur a ensuite 48 heures pour déclarer l'accident à la CPAM (Caisse Primaire d'Assurance Maladie) en envoyant la déclaration et le certificat médical. La CPAM dispose ensuite de 30 jours pour reconnaître ou non l'accident de travail.

Q120. Quels droits ouvre un accident du travail reconnu par la CPAM ?

▶ La reconnaissance d'un accident du travail ouvre des droits spécifiques plus avantageux que le régime maladie ordinaire : prise en charge à 100 % des frais médicaux, indemnités journalières (IJ) versées dès le premier jour d'arrêt (sans délai de carence) à un taux plus élevé, et en cas de séquelles permanentes, versement d'une rente d'incapacité permanente en fonction du taux d'incapacité reconnu.

Q121. Quelle est la définition d'une maladie professionnelle et comment la distingue-t-on d'un accident du travail ?

▶ Une maladie professionnelle est une maladie causée directement et de façon habituelle par l'exercice d'une activité professionnelle. Elle se distingue de l'accident du travail par son caractère progressif et insidieux (elle se développe sur plusieurs mois ou années) et non soudain. Elle doit figurer dans les tableaux de maladies professionnelles du Code de la Sécurité Sociale pour être reconnue automatiquement.

Q122. Qu'est-ce que les TMS et quelles en sont les zones du corps les plus touchées ?

▶ Les Troubles Musculo-Squelettiques (TMS) sont des affections douloureuses des muscles, tendons, nerfs et articulations liées à des conditions de travail inadaptées. Les zones les plus touchées sont les membres supérieurs (poignets avec le syndrome du canal carpien, épaule avec la tendinite de la coiffe, coude avec l'épicondylite) et le dos (lombalgies). Ils représentent 87 % des maladies professionnelles reconnues.

Q123. Quels sont les principaux facteurs de risque de TMS au travail ?

▶ Les facteurs de risque de TMS comprennent les gestes répétitifs et les postures contraignantes maintenues longtemps, les efforts et le port régulier de charges lourdes, l'exposition à des vibrations mécaniques transmises par les outils, la pression temporelle et le stress professionnel, et le travail statique prolongé dans une même posture. Ces facteurs sont souvent combinés, aggravant l'impact sur les articulations.

Q124. Quelles sont les mesures de prévention des TMS au travail ?

▶ La prévention des TMS repose sur la conception ergonomique des postes de travail (hauteurs adaptées, outils légers), la rotation des tâches et les pauses régulières, la formation aux gestes et postures sécuritaires, la réduction des charges et du nombre de gestes répétitifs, l'introduction d'aides mécaniques (exosquelettes, chariots), et des exercices d'échauffement et d'étirement en début de poste.

Q125. **Qu'est-ce que l'ergonomie et quel est son objectif principal ?**

▶ L'ergonomie est la science qui étudie l'adaptation du travail à l'être humain (et non l'inverse), en tenant compte de ses capacités physiques, cognitives et psychologiques. Son objectif est d'optimiser les conditions de travail pour préserver la santé des travailleurs tout en améliorant l'efficacité et la qualité du travail. Elle couvre l'aménagement des postes, des outils, des espaces et des organisations.

Q126. **Comment aménager correctement un poste de travail sur écran pour prévenir les TMS ?**

▶ L'aménagement ergonomique d'un poste bureau préconise : l'écran à distance d'un bras avec son sommet au niveau des yeux, le clavier légèrement incliné avec les avant-bras à l'horizontale, le siège réglé de sorte que les pieds soient à plat au sol et les cuisses horizontales, la souris proche du clavier avec le poignet en position neutre. Une pause de 5 à 10 minutes toutes les heures est recommandée.

Q127. **Quelle est la hiérarchie des mesures de prévention des risques professionnels ?**

▶ La prévention des risques professionnels doit suivre une hiérarchie prioritaire : en premier lieu, supprimer le risque à la source (élimination), puis le réduire par des mesures de protection collective (capotage, aspiration, éclairage), et enfin, en dernier recours seulement, mettre en place des équipements de protection individuelle (EPI). Les EPI ne compensent jamais l'absence de protections collectives.

Q128. **Qu'est-ce qu'un EPI et quelles sont les obligations de l'employeur à son égard ?**

▶ Un Équipement de Protection Individuelle (EPI) est tout dispositif porté ou tenu par un travailleur pour se protéger d'un risque résiduel. L'employeur a l'obligation de fournir les EPI gratuitement, de les adapter au risque et à la morphologie du salarié, de s'assurer qu'ils portent le marquage CE, et de les remplacer lorsqu'ils sont usagés. Le salarié a l'obligation de les porter et de les entretenir.

Q129. **Quelles sont les principales voies de pénétration des produits chimiques dans l'organisme ?**

▶ Les produits chimiques dangereux pénètrent dans l'organisme par quatre voies principales : la voie cutanée (absorption par la peau — principale voie souvent sous-estimée), la voie respiratoire (inhalation de vapeurs, poussières et aérosols — la plus rapide), la voie digestive (mains souillées portées à la bouche) et la voie oculaire (projection directe). Une protection doit être prévue pour chacune de ces voies.

Q130. **Que signifient les pictogrammes de danger SGH (ex : crâne, flamme, point d'exclamation) ?**

▶ Le Système Général Harmonisé (SGH) utilise des pictogrammes standardisés : le crâne sur fond orange indique un produit toxique pouvant être fatal par inhalation, ingestion ou contact cutané ; la flamme signale un produit inflammable ou auto-inflammable ; le point d'exclamation indique un produit irritant, allergisant ou nocif ; la flamme sur cercle désigne un comburant ; l'arbre et le poisson signalent un danger pour l'environnement.

Q131. **Quelle règle de sécurité absolue ne jamais oublier avec les produits chimiques ménagers ?**

▶ Il ne faut jamais mélanger différents produits chimiques ménagers car des réactions dangereuses peuvent survenir. Les deux mélanges les plus dangereux sont : eau de Javel + acide (détartrant ou vinaigre) qui produit du chlore gazeux mortel, et eau de Javel + ammoniaque qui produit des chloramines toxiques. En cas d'intoxication, appeler le Centre Antipoison (0800 59 59 59).

Q132. **Quelles sont les cinq règles de sécurité électrique à respecter avant d'intervenir sur une installation ?**

▶ Les cinq règles de sécurité électrique (5V) à respecter lors de travaux sur une installation sont : Séparer (couper le courant),

Condamner (verrouiller le dispositif de coupure), Vérifier l'absence de tension (avec un vérificateur), mettre à la terre et en court-circuit (pour évacuer les charges résiduelles), et Baliser et signaler la zone d'intervention pour éviter toute intervention accidentelle d'un tiers.

Q133. **Quels sont les effets du courant électrique sur le corps humain ?**

▶ Le passage du courant électrique dans le corps provoque : des brûlures internes et externes (le courant suit le chemin de moindre résistance entre le point d'entrée et de sortie), une tétanisation des muscles (impossibilité de lâcher le conducteur sous tension), des troubles du rythme cardiaque pouvant aller jusqu'à la fibrillation ventriculaire et l'arrêt cardiaque, ainsi que des traumatismes par chute ou projection.

Q134. **Que faut-il faire en priorité face à une victime d'électrocution ?**

▶ Face à une victime d'électrocution, il est absolument interdit de la toucher sans avoir au préalable coupé l'alimentation électrique pour ne pas être soi-même électrocuté. Il faut couper le courant au disjoncteur ou au compteur général, puis appeler le 15 ou le 18. Si la victime est en arrêt cardio-respiratoire, débuter la RCP dès que la zone est sécurisée et utiliser un DAE si disponible.

Q135. **Quelles sont les composantes du triangle du feu et comment éteindre un incendie ?**

▶ Un incendie nécessite simultanément trois éléments : un combustible (ce qui brûle : bois, papier, carburant), un comburant (l'oxygène de l'air) et une énergie d'activation (chaleur, flamme, étincelle). Pour éteindre un feu, il suffit de supprimer un seul de ces éléments : couper le combustible, isoler l'oxygène (étouffement) ou refroidir (eau). L'extincteur adapté doit être choisi selon la classe de feu.

Q136. **Quel extincteur doit-on utiliser selon la classe de feu ?**

▶ Le choix de l'extincteur dépend de la nature du feu : l'extincteur à eau pulvérisée convient aux feux de classe A (solides : bois, papier, tissu), l'extincteur à poudre ABC est polyvalent et convient aux feux A, B (liquides inflammables) et C (gaz), l'extincteur au CO2 est adapté aux feux B, C et aux équipements électriques sous tension. L'eau est absolument interdite sur les feux électriques et de graisses.

Q137. **Quelles sont les étapes de la procédure d'évacuation en cas d'incendie ?**

▶ En cas d'incendie, il faut : déclencher l'alarme immédiatement, évacuer calmement le bâtiment en empruntant les issues de secours (jamais les ascenseurs), fermer les portes derrière soi pour retarder la propagation du feu, se rendre au point de rassemblement prévu dans le plan d'évacuation, appeler les secours (18 ou 112) et ne jamais retourner chercher des effets personnels à l'intérieur.

Q138. **Qu'est-ce qu'un ERP et quelle réglementation incendie lui est applicable ?**

▶ Un ERP (Établissement Recevant du Public) est tout bâtiment accueillant des personnes extérieures : écoles, hôpitaux, centres commerciaux, cinémas, restaurants. La réglementation incendie leur impose des obligations strictes : présence d'un système de détection et d'alarme incendie, issues de secours balisées, exercices d'évacuation obligatoires deux fois par an, et la présence d'agents SSIAP (Service de Sécurité Incendie et d'Assistance aux Personnes).

Q139. **Qu'est-ce que les risques psychosociaux (RPS) et quels en sont les principaux types ?**

▶ Les risques psychosociaux (RPS) sont des risques pour la santé physique et mentale des travailleurs, liés aux conditions de travail, aux relations professionnelles et à l'organisation. Ils comprennent principalement le stress professionnel chronique, le burn-out (épuisement professionnel), le bore-out (ennui professionnel chronique), le harcèlement moral ou sexuel, les violences internes ou externes au travail et les conflits de valeurs.

Q140. **Comment définit-on le harcèlement moral au travail et quels sont les recours ?**

▶ Le harcèlement moral est défini par la loi comme des agissements répétés ayant pour objet ou pour effet une dégradation des conditions de travail susceptible de porter atteinte aux droits et à la dignité du salarié, d'altérer sa santé physique ou mentale ou de compromettre son avenir professionnel. Les recours incluent le signalement aux ressources humaines, au CSE/CHSCT, à l'inspection du travail ou aux Prud'hommes.

CHAPITRE 3
PREMIERS SECOURS

Urgences • RCP • Gestes de premiers secours • Numéros d'urgence

---

Q141. Quel est le numéro national dédié au harcèlement au travail ?

▶ Le 3928 est le numéro national d'information et d'orientation pour les victimes de violences sexistes et sexuelles au travail. Il est géré par le Défenseur des droits et disponible en semaine. Concernant le harcèlement moral au travail, le salarié peut contacter l'inspection du travail de sa région, son CHSCT ou CSE, ou son médecin du travail pour trouver une aide et des conseils adaptés.

Q142. Qu'est-ce que la QVCT (Qualité de Vie et des Conditions de Travail) ?

▶ La QVCT désigne l'ensemble des actions permettant d'améliorer le bien-être des salariés dans leur environnement professionnel. Elle couvre le contenu et le sens du travail, les relations entre collègues et avec le management, l'équilibre vie professionnelle et personnelle, les parcours professionnels et les conditions matérielles de travail. Des études montrent qu'une bonne QVCT améliore la productivité et réduit l'absentéisme.

Q143. Quel rôle joue le médecin du travail dans la prévention des risques professionnels ?

▶ Le médecin du travail est un acteur central de la santé au travail. Il assure le suivi médical individuel des salariés (visites d'aptitude, visites périodiques), conseille l'employeur sur l'aménagement des postes, participe à l'évaluation des risques et à la rédaction du DUERP, peut réaliser des études de poste, et oriente les salariés en cas de problèmes de santé liés au travail. Son rôle est exclusivement préventif.

Q144. **Qu'est-ce que le nuisance sonore professionnel et à partir de quel niveau faut-il se protéger ?**

▶ L'exposition professionnelle au bruit devient nocive et nécessite le port d'une protection auditive (bouchons d'oreilles ou casque anti-bruit) dès 80 dB(A) d'exposition journalière. À partir de 85 dB(A), les protecteurs auditifs doivent être mis à disposition ; à partir de 87 dB(A) (valeur limite d'exposition), toutes mesures doivent être prises pour réduire l'exposition. Le bruit peut causer une surdité irréversible.

Q145. **Quels sont les effets sanitaires de l'exposition prolongée aux vibrations sur les travailleurs ?**

▶ L'exposition prolongée aux vibrations mécaniques provoque deux types d'affections selon le mode de transmission : les vibrations transmises aux mains et aux bras par les outils vibrants (marteaux piqueurs, tronçonneuses) peuvent provoquer le syndrome de Raynaud (doigts blancs) et des TMS ; les vibrations transmises à l'ensemble du corps (conducteurs d'engins) favorisent les lombalgies et les hernies discales.

Q146. **Qu'est-ce que le risque biologique professionnel et quels métiers sont particulièrement exposés ?**

▶ Le risque biologique professionnel correspond à l'exposition à des agents biologiques (bactéries, virus, champignons, parasites) susceptibles de provoquer des infections, allergies ou effets toxiques. Les professionnels particulièrement exposés sont les soignants, les agents funéraires, les travailleurs en station d'épuration, les professionnels de l'agriculture et les agents chargés de la collecte des déchets.

Q147. **Quelles sont les obligations de l'employeur en matière de prévention des risques ?**

▶ L'employeur a une obligation de résultat concernant la sécurité et la protection de la santé des travailleurs. Il doit évaluer les risques (DUERP), mettre en œuvre des mesures de prévention, former et informer les salariés sur les risques et les mesures de prévention, fournir les EPI gratuitement, organiser la surveillance médicale via le service de santé au travail et consigner les accidents dans le registre des accidents du travail bénins.

Q148. **Comment a été défini le développement durable dans le rapport Brundtland de 1987 ?**

▶ Le rapport Brundtland définit le développement durable comme un développement qui répond aux besoins du présent sans compromettre la capacité des générations futures à répondre à leurs propres besoins. Cette définition repose sur trois piliers interdépendants : le pilier économique (croissance viable), le pilier social (équité et bien-être) et le pilier environnemental (préservation des ressources naturelles).

Q149. **Quels sont les 17 Objectifs de Développement Durable (ODD) adoptés par l'ONU ?**

▶ L'ONU a adopté en 2015 l'Agenda 2030 avec 17 ODD couvrant des enjeux majeurs : éliminer la pauvreté et la faim, assurer santé et éducation de qualité, promouvoir l'égalité des genres, garantir l'accès à l'eau propre et à l'énergie, réduire les inégalités, promouvoir des villes durables, lutter contre les changements climatiques, préserver les océans et les forêts, et renforcer les partenariats mondiaux.

Q150. **Qu'est-ce que la règle des 5R pour la gestion des déchets ?**

▶ La règle des 5R présente une hiérarchie d'actions pour réduire notre impact environnemental : Refuser ce dont on n'a pas besoin (emballages inutiles, objets jetables), Réduire la quantité produite, Réutiliser par le don, la réparation ou la revente, Recycler par le tri sélectif, et Rendre à la nature par le compostage. L'enfouissement en décharge est le dernier recours absolument à éviter.

Q151. **Quelles sont les catégories du tri sélectif en France et que mettre dans chaque bac ?**

▶ Le tri sélectif français s'organise autour de trois flux principaux : le bac jaune (ou sac jaune) pour les plastiques, métaux, papiers et cartons, le bac blanc ou vert pour le verre (qui se dépose en conteneurs spécifiques), et le bac gris ou noir pour les ordures ménagères résiduelles non recyclables. La déchèterie accueille les déchets spéciaux (appareils électroniques, piles, huiles, gravats, médicaments).

Q152. **Quelles sont les principales sources de pollution de l'air intérieur dans les logements ?**

▶ La pollution de l'air intérieur, souvent pire que la pollution extérieure, est causée par les Composés Organiques Volatils (COV) issus des peintures, colles et solvants, le formaldéhyde émis par les meubles en aggloméré et les moquettes, le monoxyde de carbone produit par un chauffage défectueux, les particules fines de la fumée de tabac, les moisissures dues à l'humidité et le radon dans certaines régions.

Q153. **Qu'est-ce que le radon et pourquoi est-il dangereux ?**

▶ Le radon est un gaz radioactif naturel, incolore et inodore, qui provient de la désintégration de l'uranium présent dans certaines roches (granite, schiste). Il s'accumule dans les bâtiments dont les sous-sols ou les fondations reposent sur ces roches. L'inhalation prolongée de radon est la deuxième cause de cancer du poumon après le tabac. La ventilation régulière des locaux est la principale mesure préventive.

Q154. **Quel est le mécanisme de l'effet de serre et pourquoi est-il aggravé par l'activité humaine ?**

▶ L'effet de serre est un phénomène naturel dans lequel les gaz atmosphériques (vapeur d'eau, CO2, méthane) absorbent le rayonnement infrarouge terrestre et le renvoient vers la Terre, maintenant une température propice à la vie. L'activité humaine (combustion d'énergies fossiles, déforestation, agriculture intensive) a augmenté massivement les concentrations de GES, amplifiant l'effet de serre et causant un réchauffement anormal du climat.

Q155. **Quelles sont les principales conséquences du changement climatique observées et attendues ?**

▶ Le changement climatique entraîne déjà une élévation de +1,1°C de la température mondiale depuis l'ère préindustrielle, la fonte accélérée des glaciers et la montée du niveau des mers, la multiplication des événements météorologiques extrêmes (canicules, sécheresses, inondations, ouragans), la perturbation des écosystèmes et de la biodiversité, et des impacts croissants sur la santé humaine (maladies vectorielles, malnutrition).

Q156. **Quel est l'objectif climatique de l'Accord de Paris signé en 2015 ?**

▶ L'Accord de Paris, adopté lors de la COP21 et signé par 195 pays, fixe comme objectif de limiter le réchauffement climatique mondial à 1,5°C par rapport aux niveaux préindustriels, et en tout cas bien en dessous de 2°C. Pour atteindre cet objectif, les émissions mondiales de gaz à effet de serre doivent être divisées par deux d'ici 2030 et atteindre la neutralité carbone vers 2050.

Q157. **Qu'est-ce que la biodiversité et quelles sont les menaces qui pèsent sur elle ?**

▶ La biodiversité désigne l'ensemble de la variété du vivant sur Terre à trois niveaux : la diversité des espèces, la diversité génétique au sein de chaque espèce et la diversité des écosystèmes. Elle est menacée principalement par la destruction et la fragmentation des habitats naturels, la surexploitation des ressources, la pollution, l'introduction d'espèces invasives et le changement climatique. Le rapport IPBES 2019 estime qu'un million d'espèces sont menacées d'extinction.

Q158. **En quoi la biodiversité est-elle indispensable à l'être humain ?**

▶ La biodiversité fournit des services écosystémiques essentiels : pollinisation des cultures alimentaires (abeilles), purification de l'eau et de l'air, séquestration du CO_2 par les forêts et les océans, protection contre les inondations par les zones humides, régulation du climat et fourniture de matières premières (alimentation, médicaments — 60 % d'origine naturelle). La perte de biodiversité menace directement la sécurité alimentaire et sanitaire humaine.

Q159. **Qu'est-ce que la pollution des sols et quelles en sont les conséquences sur la santé ?**

▶ La pollution des sols résulte principalement de l'épandage de pesticides agricoles, des déversements d'hydrocarbures et de métaux lourds par les activités industrielles et des décharges sauvages. Ces polluants migrent dans les nappes phréatiques et contaminent l'eau potable et les cultures. Les conséquences sanitaires comprennent le saturnisme (intoxication au plomb), des cancers et des perturbations hormonales liées aux polluants organiques persistants.

Q160. **Qu'est-ce qu'un perturbateur endocrinien et quels en sont les effets sur la santé ?**

▶ Un perturbateur endocrinien est une substance chimique extérieure à l'organisme qui, même à de très faibles doses, imite, bloque ou modifie l'action des hormones naturelles. Parmi les plus connus figurent le bisphénol A (emballages alimentaires), les phtalates (plastiques) et certains pesticides. Leurs effets suspectés comprennent des troubles de la fertilité, des cancers hormonaux et des perturbations du développement fœtal.

Q161. **Quelle est la composition du mix énergétique français pour la production d'électricité ?**

▶ La France produit son électricité principalement à partir du nucléaire (environ 70 % de la production), complété par les énergies renouvelables : hydraulique, éolien, solaire et biomasse (environ 25 %). Les énergies fossiles (gaz, charbon) ne représentent qu'une faible part de la production électrique, bien que la France reste dépendante du pétrole et du gaz pour les transports et le chauffage.

Q162. **Qu'est-ce que le DPE (Diagnostic de Performance Énergétique) et à quoi sert-il ?**

▶ Le DPE est un document obligatoire lors de la vente ou de la mise en location d'un logement. Il classe le bien de A (très économe, moins de 70 kWh/m²/an) à G (très énergivore, plus de 420 kWh/m²/an) selon sa consommation d'énergie et ses émissions de CO2. Depuis 2025, les logements classés G sont interdits à la location pour les nouveaux contrats, et les logements F le seront à partir de 2028.

Q163. Quels gestes économiser l'énergie au quotidien dans son logement ?

▶ Pour réduire sa consommation d'énergie domestique : régler le chauffage à 19°C (chaque degré supplémentaire augmente la consommation de 7 %), remplacer les ampoules par des LED (80 % d'économies), éteindre les appareils en veille, privilégier les cycles éco des appareils électroménagers, bien isoler les parois et les fenêtres, préférer les douches aux bains et installer un mitigeur thermostatique pour l'eau chaude.

Q164. Qu'est-ce que le compostage et quels déchets peut-on y mettre ?

▶ Le compostage est la transformation naturelle par des micro-organismes et des vers de déchets organiques en compost, un amendement naturel enrichissant pour les sols. On peut y mettre les épluchures de fruits et légumes, les restes de repas (sans viande ni poisson), le marc de café, les sachets de thé, les coquilles d'œufs, les tontes de gazon, les feuilles mortes et les papiers non imprimés. Le compostage réduit de 30 % les ordures ménagères.

Q165. Quelles économies d'eau peut-on réaliser au quotidien ?

▶ Des gestes simples permettent de réduire considérablement la consommation d'eau : préférer la douche (environ 60 L) au bain (150 à 200 L), couper l'eau pendant le brossage des dents et le savonnage des mains, installer des mousseurs sur les robinets (économie de 50 %), réparer les fuites (un robinet qui goutte perd jusqu'à 200 L par jour), utiliser un récupérateur d'eau de pluie pour le jardin et choisir des lave-linge et lave-vaisselle économes.

Q166. Quel est le premier risque naturel en France et comment s'en protéger ?

▶ Les inondations constituent le premier risque naturel en France, touchant environ 17 millions de personnes. Les Plans de Prévention du Risque Inondation (PPRI) définissent les zones inondables et les règles de construction. Face à ce risque, il faut connaître les dispositifs d'alerte (Vigilance Météo France), préparer un kit d'urgence, couper les alimentations électrique et gaz en cas de crue et ne jamais s'engager sur une route inondée.

Q167. **Qu'est-ce que le plan ORSEC et dans quel contexte est-il déclenché ?**

▶ ORSEC (Organisation de la Réponse de SEcurité Civile) est le dispositif national de gestion des situations de crise graves, déclenché par le préfet. Il coordonne l'ensemble des acteurs de secours (pompiers, SAMU, police, armée, associations) en cas de catastrophe naturelle, d'accident industriel majeur, d'attentat ou d'autre crise de grande ampleur. Il peut être activé à l'échelon départemental, zonal ou national selon la gravité.

Q168. **Qu'est-ce qu'un site Seveso et quelle est leur réglementation ?**

▶ Un site Seveso est un établissement industriel présentant un risque d'accidents majeurs liés à la présence de substances chimiques ou explosives dangereuses. La directive européenne Seveso (1982, révisée en 2012) impose des obligations de sécurité renforcées : études de dangers, plan de prévention des accidents, information des riverains, et l'obligation d'établir des plans d'urgence internes et externes. En France, 1 300 sites sont classés Seveso.

Q169. **Quels sont les avantages des transports en commun et des modes de déplacements doux pour l'environnement ?**

▶ Les transports en commun et les modes doux (vélo, marche) permettent de réduire significativement les émissions de CO2 et de polluants atmosphériques, de diminuer les embouteillages et le bruit en ville, de réduire l'artificialisation des sols (moins de routes et parkings) et d'améliorer la qualité de l'air urbain. Un passager en bus émet 4 fois moins de CO2 qu'en voiture, et un trajet à vélo émet pratiquement zéro GES.

Q170. **Pourquoi réduire la consommation de viande, notamment de bœuf, bénéficie-t-il à l'environnement ?**

▶ La production de viande bovine est très gourmande en ressources et en émissions : 1 kg de bœuf nécessite environ 15 000 litres d'eau

(eau virtuelle) et génère environ 25 kg de CO_2 équivalent en raison des émissions de méthane du bétail et de l'énergie nécessaire à la production fourragère. Réduire la consommation de viande rouge est l'un des gestes individuels ayant le plus fort impact pour réduire son empreinte carbone.

Q171. **Qu'est-ce que l'empreinte écologique et comment se situe la France dans ce contexte mondial ?**

▶ L'empreinte écologique mesure la surface de Terre biologiquement productive nécessaire pour fournir les ressources qu'une population consomme et pour absorber ses déchets. À l'échelle mondiale, si tous les habitants de la Terre vivaient comme les Français, il faudrait environ 3 planètes Terre pour subvenir à nos besoins. Le jour du dépassement de la Terre (moment où nous avons consommé les ressources annuelles renouvelables) survient de plus en plus tôt chaque année.

Q172. **Quelle est la date de création de la Sécurité Sociale française et ses principes fondateurs ?**

▶ La Sécurité Sociale française a été créée par une ordonnance du 4 octobre 1945, sous l'impulsion d'Ambroise Croizat. Son principe fondateur est la solidarité nationale : chacun cotise selon ses revenus et reçoit selon ses besoins. Ce système de protection sociale mutualise les risques (maladie, accidents, vieillesse) pour l'ensemble de la population active et leurs ayants droit.

Q173. **Quelles sont les cinq branches de la Sécurité Sociale française ?**

▶ La Sécurité Sociale française est organisée en cinq branches : la branche Maladie (remboursement des soins, indemnités journalières), la branche Accidents du Travail et Maladies Professionnelles, la branche Famille (allocations familiales, congé maternité, crèches), la branche Retraite (pensions de retraite) et la branche Autonomie, créée en 2021, dédiée à la dépendance des personnes âgées et handicapées.

Q174. Quelle est la différence entre la CPAM et la CAF ?

▶ La CPAM (Caisse Primaire d'Assurance Maladie) gère la branche maladie de la Sécurité Sociale : elle rembourse les frais médicaux, verse les indemnités journalières en cas d'arrêt maladie et prend en charge les accidents du travail et maladies professionnelles. La CAF (Caisse d'Allocations Familiales) gère la branche famille : allocations familiales, aide au logement (APL), RSA, prime à la naissance.

Q175. Qu'est-ce que le parcours de soins coordonnés instauré en 2004 ?

▶ Le parcours de soins coordonnés oblige chaque assuré de 16 ans et plus à choisir un médecin traitant qui constitue le premier recours pour toute consultation médicale non urgente. Le médecin traitant coordonne le suivi du patient et oriente vers des spécialistes si nécessaire. Consulter un spécialiste sans prescription du médecin traitant entraîne un remboursement réduit (majoration du ticket modérateur).

Q176. Qu'est-ce que le ticket modérateur et comment fonctionne le remboursement des soins ?

▶ Le ticket modérateur est la part des frais médicaux restant à la charge du patient après le remboursement de l'Assurance Maladie. Pour une consultation chez un généraliste, l'Assurance Maladie rembourse 70 % du tarif conventionnel et le patient supporte les 30 % restants (ticket modérateur), qui peuvent être pris en charge par une mutuelle complémentaire. Certains soins sont remboursés à 100 % (ALD, maternité, AT/MP).

Q177. Qu'est-ce que le dispositif 100% Santé mis en place en France ?

▶ Le dispositif 100 % Santé (ou reste à charge zéro), mis en place à partir de 2020, permet aux assurés sociaux d'accéder à des soins dentaires (prothèses), optiques (lunettes) et auditifs (appareils) sans aucun reste à charge. L'Assurance Maladie et les complémentaires santé (mutuelles) prennent en charge l'intégralité du coût des équipements proposés dans ce panier de soins.

Q178. Qu'est-ce que la carte Vitale et que contient-elle ?

▶ La carte Vitale est une carte à puce personnelle qui matérialise les droits à l'Assurance Maladie de son titulaire. Elle permet la télétransmission électronique des feuilles de soins et accélère les remboursements. Contrairement à une idée répandue, la carte Vitale ne contient pas de données médicales (pas d'historique de soins, pas de dossier médical) mais uniquement les informations administratives nécessaires à la prise en charge.

Q179. Quels sont les différents types de contrats de travail en France ?

▶ Les principaux contrats de travail en France sont le CDI (Contrat à Durée Indéterminée, droit commun), le CDD (Contrat à Durée Déterminée, pour motif précis et limité dans le temps), le CTT (Contrat de Travail Temporaire ou intérim via une agence), le contrat d'apprentissage (alternance en vue d'un diplôme pour les 16-29 ans) et le contrat de professionnalisation (alternance pour adultes ou demandeurs d'emploi).

Q180. Pourquoi le CDD doit-il obligatoirement être écrit alors que le CDI peut être oral ?

▶ Le CDD doit impérativement être établi par écrit et remis au salarié dans les deux jours ouvrables suivant l'embauche, car le Code du travail exige que des mentions obligatoires (motif de recours, terme, durée, poste, rémunération) soient formalisées pour protéger le salarié. En cas d'absence d'écrit, le CDD est requalifié en CDI par les prud'hommes. Le CDI, étant le contrat de droit commun, peut en théorie être conclu oralement.

Q181. Quelles sont les différentes façons de rompre un contrat de travail et leurs conséquences ?

▶ Un CDI peut être rompu par démission (à l'initiative du salarié, avec préavis, sans droit au chômage), par licenciement (à l'initiative de l'employeur pour motif réel et sérieux, avec préavis et indemnités) ou par rupture conventionnelle homologuée (accord mutuel permettant au salarié de percevoir les allocations chômage). En cas de licenciement abusif, le salarié peut saisir le Conseil de Prud'hommes.

Q182. **Comment lire une fiche de paie et quels en sont les éléments essentiels ?**

▶ Une fiche de paie comprend : l'en-tête avec les coordonnées de l'employeur et du salarié, le salaire brut (rémunération avant toute déduction), les cotisations sociales salariales (retraite, maladie, chômage), le salaire net imposable, les éventuelles primes ou heures supplémentaires, et le salaire net à payer (somme effectivement versée). Le rapport net/brut est en moyenne d'environ 78 % pour les salariés du secteur privé.

Q183. **Qu'est-ce que le SMIC et comment est-il revalori é ?**

▶ Le SMIC (Salaire Minimum Interprofessionnel de Croissance) est la rémunération horaire minimum légale en dessous de laquelle aucun salarié ne peut être payé. Il est revalorisé automatiquement au 1er janvier de chaque année en tenant compte de l'évolution de l'inflation et des salaires ouvriers. Il peut également faire l'objet de revalorisations exceptionnelles en cours d'année si l'inflation dépasse un certain seuil.

Q184. **Combien de temps faut-il conserver ses fiches de paie et pourquoi ?**

▶ Les fiches de paie doivent être conservées indéfiniment par le salarié car elles constituent la preuve des revenus professionnels, indispensable lors du calcul des droits à la retraite. Une fiche de paie perdue peut entraîner une perte de droits à la retraite si l'employeur n'existe plus. Depuis 2017, l'employeur a l'obligation de proposer un espace numérique sécurisé pour conserver les bulletins de salaire dématérialisés.

Q185. **Qu'est-ce que la protection sociale complémentaire (mutuelle) et pourquoi est-elle importante ?**

▶ La mutuelle ou assurance complémentaire santé prend en charge tout ou partie du ticket modérateur et des dépassements d'honoraires laissés à la charge du patient par l'Assurance Maladie obligatoire.

Depuis 2016, tout employeur privé a l'obligation de proposer une complémentaire santé collective à ses salariés, en finançant au moins 50 % de la cotisation. Des contrats dits « responsables » bénéficient d'avantages fiscaux.

Q186. **Quel est le système de retraite français et comment fonctionne-t-il ?**

▶ Le système de retraite français repose sur le principe de la répartition : les cotisations des travailleurs actifs financent directement les pensions des retraités actuels (solidarité entre générations). Il comprend un régime de base (CNAV pour les salariés du privé) complété par des régimes complémentaires obligatoires (AGIRC-ARRCO). La retraite est calculée sur la base du nombre de trimestres cotisés et du salaire de référence.

Q187. **Quels sont les changements apportés par la réforme des retraites de 2023 ?**

▶ La réforme des retraites de 2023 a principalement repoussé l'âge légal de départ à la retraite de 62 à 64 ans, avec un calendrier progressif d'application jusqu'en 2030. La durée de cotisation pour bénéficier d'une retraite à taux plein a été portée à 43 ans. Des dispositifs de retraite anticipée ont été maintenus pour les carrières longues, les travailleurs handicapés et les emplois pénibles.

Q188. **Qu'est-ce que la dépendance et comment est-elle évaluée en France ?**

▶ La dépendance désigne l'état d'une personne qui, en raison de son âge avancé ou d'un handicap, a besoin d'une aide régulière pour accomplir les actes essentiels de la vie quotidienne (se lever, se laver, s'habiller, manger). En France, le niveau de dépendance est évalué à l'aide de la grille AGGIR (Autonomie Gérontologique Groupes Iso-Ressources), qui classe les personnes de GIR 1 (totalement dépendantes) à GIR 6 (autonomes).

Q189. **Qu'est-ce que l'APA (Allocation Personnalisée d'Autonomie) ?**

▶ L'APA est une allocation versée par le conseil départemental aux personnes âgées de 60 ans ou plus classées en GIR 1 à 4 (dépendance partielle à totale). Elle peut être attribuée à domicile (pour financer les aides humaines, l'hébergement temporaire en accueil de jour) ou en établissement (EHPAD). Son montant dépend du niveau de dépendance et des ressources de la personne concernée.

Q190. **Qu'est-ce que la loi du 11 février 2005 sur le handicap ?**

▶ La loi du 11 février 2005 pour l'égalité des droits et des chances, la participation et la citoyenneté des personnes handicapées définit le handicap de façon large (handicaps moteurs, sensoriels, mentaux, psychiques, cognitifs) et pose le principe de non-discrimination. Elle impose notamment l'accessibilité universelle des espaces publics et des transports, le droit à la compensation du handicap et l'obligation d'emploi des travailleurs handicapés.

Q191. **Qu'est-ce que la MDPH et quel est son rôle ?**

▶ La MDPH (Maison Départementale des Personnes Handicapées) est le guichet unique départemental chargé d'accueillir, d'informer et d'accompagner les personnes handicapées et leurs familles. Elle instruit les demandes de reconnaissance du handicap (RQTH), d'attribution de l'AAH (Allocation Adulte Handicapé), de la carte mobilité inclusion et des compensations dans les domaines de la scolarité, de l'emploi et du logement.

Q192. **Quelle est l'obligation d'emploi des travailleurs handicapés (OETH) ?**

▶ Toute entreprise employant au moins 20 salariés est soumise à l'Obligation d'Emploi des Travailleurs Handicapés (OETH), qui impose d'employer au minimum 6 % de travailleurs reconnus handicapés (RQTH). Les entreprises ne respectant pas ce quota doivent contribuer financièrement à l'AGEFIPH (secteur privé) ou au FIPHFP (secteur public), des fonds dédiés à l'insertion professionnelle des personnes handicapées.

Q193. **Quels sont les droits fondamentaux du citoyen en France ?**

▶ Les droits fondamentaux du citoyen français comprennent les droits civils et politiques (liberté d'expression, de réunion et d'association, droit de vote à 18 ans, droit à un procès équitable), les droits économiques et sociaux (droit au travail, à l'éducation, à la protection sociale, à la santé, au logement décent) et les droits collectifs. Ces droits sont garantis par la Constitution du 4 octobre 1958 et la Déclaration des droits de l'homme.

Q194. **Quelles sont les instances représentatives du personnel dans les entreprises ?**

▶ Depuis les ordonnances Macron de 2017, le Comité Social et Économique (CSE) est l'instance unique de représentation du personnel dans les entreprises de plus de 11 salariés. Il fusionne les anciennes instances (délégués du personnel, comité d'entreprise, CHSCT). Il a pour missions de représenter les salariés, de défendre leurs intérêts, de veiller aux conditions de travail et à la santé au travail.

Q195. **Qu'est-ce que le droit au logement opposable (DALO) ?**

▶ Le DALO (Droit Au Logement Opposable), instauré par la loi du 5 mars 2007, permet aux personnes sans domicile ou mal logées de faire reconnaître leur droit à un logement décent. La commission de médiation départementale peut reconnaître le caractère prioritaire et urgent de la demande, et l'État est alors tenu de proposer un logement adapté sous peine de recours contentieux devant le tribunal administratif.

Q196. **Quel numéro appeler pour un hébergement d'urgence en France ?**

▶ Le 115 (SAMU Social) est le numéro national d'urgence pour les personnes sans abri, disponible 24h/24 et 7j/7 gratuitement. Des écoutants orientent vers les structures d'hébergement d'urgence disponibles (centres d'hébergement et de réinsertion sociale, accueil de nuit). En hiver, le Plan Grand Froid mobilise des places supplémentaires pour répondre à l'afflux de demandes.

Q197. **Quels sont les droits des mineurs au travail en France ?**

▶ En France, l'âge minimum légal de travail est de 16 ans. Des dérogations permettent des travaux légers dès 14 ans pendant les vacances scolaires. Les mineurs de moins de 18 ans bénéficient de protections spécifiques : durée de travail limitée à 8 heures par jour et 35 heures par semaine, interdiction du travail de nuit, des heures supplémentaires et des postes dangereux, et surveillance médicale obligatoire par le médecin du travail.

Q198. **Qu'est-ce que la Convention Internationale des Droits de l'Enfant (CIDE) ?**

▶ La CIDE a été adoptée par l'ONU le 20 novembre 1989 et ratifiée par la France en 1990. Elle reconnaît à tout enfant, sans discrimination, quatre principes fondamentaux : la non-discrimination, l'intérêt supérieur de l'enfant (toute décision le concernant doit prendre ce critère en compte), le droit à la vie, la survie et au développement et le droit à être entendu dans les décisions qui le concernent.

Q199. **Quel numéro contacter pour signaler une maltraitance d'enfant ?**

▶ Le 119 (Allô Enfance en Danger) est le numéro national gratuit, disponible 24h/24 et 7j/7, pour signaler une situation de maltraitance ou de danger pour un enfant. Toute personne (professionnel ou particulier) ayant connaissance d'une situation préoccupante a l'obligation morale, et pour les professionnels en contact avec des mineurs, l'obligation légale de la signaler. La CRIP (Cellule de Recueil des Informations Préoccupantes) reçoit et traite ces signalements.

Q200. **Qu'est-ce que la protection maternelle et infantile (PMI) ?**

▶ La PMI est un service départemental qui assure la protection sanitaire des mères, des femmes enceintes et des enfants de moins de 6 ans. Elle propose des consultations prénatales et pédiatriques gratuites, des bilans de santé, des vaccinations, un accompagnement à la parentalité, et coordonne les modes d'accueil de la petite enfance. La PMI joue également un rôle dans la détection et la prévention des maltraitances.

CHAPITRE 4
RISQUES PROFESSIONNELS

Accidents du travail • TMS • Ergonomie • EPI • RPS

Q201. **Qu'est-ce que le système de retraite par répartition et en quoi diffère-t-il du système par capitalisation ?**

▶ Dans un système par répartition (modèle français), les cotisations prélevées sur les salaires des actifs financent directement les pensions des retraités actuels (solidarité entre générations). Dans un système par capitalisation (modèle américain), chaque actif épargne pour sa propre retraite dans des fonds de placement. Le premier est plus solidaire mais sensible au vieillissement démographique, le second dépend des marchés financiers.

Q202. **Quel est le rôle de l'inspection du travail ?**

▶ L'inspection du travail est un service public de l'État chargé de contrôler l'application du droit du travail dans les entreprises : respect des contrats, durée du travail, sécurité et hygiène, représentation du personnel, discrimination. Les inspecteurs peuvent effectuer des visites inopinées, dresser des procès-verbaux et imposer des mises en demeure. Les salariés peuvent les saisir en cas de litige ou de risque grave pour leur santé.

Q203. **Que signifie la solidarité nationale dans le contexte de la Sécurité Sociale française ?**

▶ La solidarité nationale dans le contexte de la Sécurité Sociale signifie que chaque assuré cotise en proportion de ses revenus, indépendamment de ses risques personnels de santé ou de ses besoins réels. En retour, il bénéficie de prestations en fonction de ses besoins. Ce mécanisme de mutualisation des risques permet à tous les citoyens d'accéder aux soins quelles que soient leurs ressources ou leur état de santé.

Q204. **Qu'est-ce que la complémentaire santé solidaire (CSS) ?**

▶ La Complémentaire Santé Solidaire (CSS) est une mutuelle gratuite ou à très faible participation destinée aux personnes ayant de faibles ressources. Elle remplace depuis 2019 la CMU-C (Couverture Maladie Universelle Complémentaire) et l'ACS (Aide à la Complémentaire Santé). Elle couvre le ticket modérateur, les dépassements d'honoraires limités et des forfaits dentaires, optiques et auditifs, en complément de l'Assurance Maladie.

Q205. **Qu'est-ce que la médecine du travail et à quelle fréquence se déroulent les visites médicales ?**

▶ La médecine du travail est une spécialité médicale entièrement préventive qui assure le suivi de la santé des travailleurs en lien avec leurs conditions de travail. Depuis 2017, les salariés sans risques particuliers ont une visite d'information et de prévention (VIP) tous les 5 ans. Les salariés exposés à des risques spécifiques (agents chimiques, bruit, travail de nuit) bénéficient d'un suivi renforcé avec des examens plus fréquents.

Q206. **Qu'est-ce que l'hygiène en restauration professionnelle et pourquoi est-elle réglementée ?**

▶ L'hygiène en restauration professionnelle est strictement réglementée par le « paquet hygiène » européen, qui impose la méthode HACCP, la formation des personnels, la traçabilité des aliments et la tenue de documents de contrôle. Cette réglementation vise à prévenir les toxi-infections alimentaires collectives (TIAC) qui peuvent toucher de nombreuses personnes simultanément et engager la responsabilité pénale du responsable de l'établissement.

Q207. **Qu'est-ce que le droit à la déconnexion et à qui s'applique-t-il ?**

▶ Le droit à la déconnexion est inscrit dans le Code du travail depuis la loi El Khomri de 2016. Il garantit à chaque salarié le droit de ne pas être connecté à ses outils numériques professionnels (messagerie, téléphone) en dehors de ses heures de travail habituelles, notamment les soirs, week-ends et congés. Il s'applique à tous les salariés mais concerne particulièrement les cadres au forfait jours et les télétravailleurs.

Q208. Qu'est-ce que le mobbing ou harcèlement au travail collectif ?

▶ Le mobbing, terme utilisé par certains pays européens, désigne une forme de harcèlement moral collectif où un groupe de collègues ou de supérieurs met en place des comportements systématiques visant à isoler, humilier ou exclure un individu du collectif de travail. Il constitue du harcèlement moral au sens de la loi française et peut engager la responsabilité civile et pénale de ses auteurs ainsi que celle de l'employeur qui ne l'aurait pas prévenu.

Q209. Quelles sont les aides financières disponibles pour la rénovation énergétique d'un logement ?

▶ Plusieurs aides soutiennent la rénovation énergétique : MaPrimeRénov' (aide de l'ANAH versée directement pour les travaux d'isolation, de chauffage et de ventilation), l'éco-PTZ (prêt à taux zéro pour financer les travaux), la TVA à 5,5 % sur les travaux de rénovation énergétique, les aides des fournisseurs d'énergie (CEE), et les aides locales versées par certaines régions ou communes. Ces dispositifs sont cumulables sous conditions de ressources.

Q210. Quels sont les signes d'alerte d'une addiction aux substances psychoactives ?

▶ Les signes d'alerte d'une addiction comprennent : la perte de contrôle sur la quantité consommée (consommer plus que prévu), une tolérance croissante (avoir besoin de doses plus importantes pour les mêmes effets), un syndrome de sevrage à l'arrêt (tremblements, sueurs, anxiété), la poursuite de la consommation malgré des conséquences négatives sur la santé ou les relations, et l'organisation de la vie quotidienne autour de la substance.

Q211. Qu'est-ce que les compétences psychosociales (CPS) selon l'OMS ?

▶ L'OMS définit dix compétences psychosociales fondamentales regroupées en cinq paires : savoir résoudre les problèmes et prendre des décisions, faire preuve de créativité et de pensée critique, communiquer efficacement et avoir des compétences relationnelles, être conscient de soi et empathique, gérer ses émotions et son stress. Ces compétences sont considérées comme des facteurs de protection essentiels contre les conduites à risques chez les adolescents.

Q212. **Qu'est-ce que la lutte contre les discriminations au travail et quels critères sont protégés par la loi ?**

▶ La loi française prohibe les discriminations au travail fondées sur 25 critères protégés : l'origine, le sexe, les mœurs, l'orientation sexuelle, l'identité de genre, l'âge, la situation de famille, la grossesse, les caractéristiques génétiques, l'appartenance ou non à une ethnie, une nation ou une race, les opinions politiques, les activités syndicales, l'exercice d'un mandat électif, l'appartenance ou non à une religion, l'apparence physique, le patronyme, le lieu de résidence, l'état de santé, la perte d'autonomie, le handicap, et la domiciliation bancaire.

Q213. **Qu'est-ce que la prévoyance d'entreprise et en quoi complète-t-elle la Sécurité Sociale ?**

▶ La prévoyance collective d'entreprise est un contrat d'assurance collectif souscrit par l'employeur qui couvre les salariés contre des risques non ou insuffisamment pris en charge par la Sécurité Sociale : décès (versement d'un capital au bénéficiaire désigné), incapacité temporaire de travail (complément des indemnités journalières de la CPAM pour maintenir le salaire), invalidité (rente complémentaire) et dépendance. Elle est obligatoire pour les cadres depuis 1947.

Q214. **Quelles sont les principales missions de la CAF (Caisse d'Allocations Familiales) ?**

▶ La CAF verse et gère de nombreuses prestations sociales : les allocations familiales (à partir du 2ème enfant), la prestation d'accueil du jeune enfant (PAJE), les aides au logement (APL, ALS, ALF), le Revenu de Solidarité Active (RSA), l'Allocation de Soutien Familial (ASF) et d'autres aides pour les familles monoparentales, les personnes handicapées et les personnes en situation de précarité.

Q215. **Qu'est-ce que le RSA (Revenu de Solidarité Active) et à qui est-il destiné ?**

▶ Le RSA est une allocation versée par la CAF aux personnes sans ressources ou disposant de faibles revenus, âgées de 25 ans ou plus (ou de moins de 25 ans en cas de parentalité), qui s'engagent à rechercher activement un emploi ou à suivre des actions d'insertion sociale ou professionnelle. Il garantit un revenu minimum et un accompagnement vers le retour à l'emploi, en complément éventuel de revenus d'activité.

Q216. **Qu'est-ce que le droit à la formation professionnelle et le Compte Personnel de Formation ?**

▶ Tout salarié dispose d'un Compte Personnel de Formation (CPF) qui s'alimente en euros par l'activité professionnelle (500 euros par an, plafonné à 5 000 euros) et peut être utilisé pour financer des formations certifiantes permettant d'acquérir de nouvelles compétences, d'évoluer professionnellement ou de se reconvertir. Ce droit est universel, attaché à la personne et non à l'employeur, et est géré via la plateforme Mon Compte Formation.

Q217. **Qu'est-ce que le service civique et qui peut y accéder ?**

▶ Le Service Civique est un engagement volontaire auprès d'organismes sans but lucratif ou publics pour des missions d'intérêt général, accessible aux 16-25 ans (jusqu'à 30 ans pour les personnes en situation de handicap). D'une durée de 6 à 12 mois, il donne lieu à une indemnisation mensuelle d'environ 600 euros nette prise en charge par l'État. Il favorise le développement personnel, la citoyenneté active et la mixité sociale.

Q218. **Quels sont les dispositifs d'aide aux demandeurs d'emploi en France ?**

▶ Les demandeurs d'emploi inscrits à France Travail (ex-Pôle Emploi) peuvent bénéficier de l'Allocation d'Aide au Retour à l'Emploi (ARE) dont le montant dépend des derniers salaires et de la durée de cotisation (durée minimale de 6 mois d'activité sur les 24 derniers mois), d'un accompagnement personnalisé vers l'emploi, d'aides à la formation, de dispositifs d'aide à la création d'entreprise et d'aides financières exceptionnelles via le CCAS.

Q219. Qu'est-ce que l'asthme et comment se manifeste-t-il ?

▶ L'asthme est une maladie inflammatoire chronique des bronches qui entraîne des épisodes de bronchospasme réversibles, se manifestant par des difficultés à respirer, des sifflements (wheezing), une toux sèche nocturne ou à l'effort et une sensation d'oppression thoracique. En France, il touche environ 4 millions de personnes. Un traitement de fond (corticoïdes inhalés) contrôle l'inflammation et réduit la fréquence des crises.

Q220. Qu'est-ce que la tuberculose et comment se transmet-elle ?

▶ La tuberculose est une maladie infectieuse causée par la bactérie Mycobacterium tuberculosis (bacille de Koch), transmise par voie aérienne lors de la toux ou des éternuements d'une personne contagieuse. Elle touche principalement les poumons mais peut atteindre d'autres organes. Elle se traite par une antibiothérapie longue de 6 mois minimum. Le vaccin BCG protège partiellement les nourrissons des formes graves.

Q221. Qu'est-ce que le Dossier Médical Partagé (DMP) et à quoi sert-il ?

▶ Le Dossier Médical Partagé (DMP) est un carnet de santé numérique accessible sur ameli.fr par le patient et les professionnels de santé qu'il autorise. Il centralise les ordonnances, résultats d'examens, comptes rendus d'hospitalisation et antécédents médicaux pour faciliter la coordination des soins, éviter les redondances d'examens et améliorer la prise en charge, notamment en cas d'urgence.

Q222. Qu'est-ce que la téléconsultation médicale et dans quels cas est-elle remboursée ?

▶ La téléconsultation est une consultation médicale réalisée à distance par vidéo entre un patient et un médecin. Elle est remboursée par l'Assurance Maladie depuis 2018 au même titre qu'une consultation ordinaire, sous réserve qu'une relation patient-médecin ait été établie préalablement. Elle est particulièrement utile dans les zones sousdotées en médecins (déserts médicaux) ou pour les personnes à mobilité réduite.

Q223. Quels sont les principes de l'hygiène alimentaire pour prévenir les intoxications ?

▶ La prévention des intoxications alimentaires repose sur quatre principes fondamentaux : Nettoyer (hygiène des mains, des surfaces et des ustensiles), Séparer (éviter les contaminations croisées entre aliments crus et cuits), Cuire suffisamment les aliments (température à cœur supérieure à 70°C) et Conserver à bonne température (chaîne du froid entre 0 et 4°C, chaîne du chaud supérieure à 63°C).

Q224. Qu'est-ce que l'ostéoporose et comment la prévenir ?

▶ L'ostéoporose est une maladie caractérisée par une diminution de la densité et de la qualité osseuse, rendant les os fragiles et susceptibles de se fracturer pour des traumatismes minimes (fractures du poignet, de la hanche, des vertèbres). La prévention repose sur un apport suffisant en calcium et vitamine D, la pratique régulière d'exercices en charge (marche, gym), l'arrêt du tabac et la limitation de l'alcool.

Q225. Qu'est-ce que l'hypertension artérielle et pourquoi est-elle surnommée 'tueur silencieux' ?

▶ L'hypertension artérielle (HTA) est définie par une pression artérielle systolique supérieure à 140 mmHg et/ou diastolique supérieure à 90 mmHg au repos. Elle est appelée tueur silencieux car elle est asymptomatique dans la grande majorité des cas pendant de nombreuses années, tout en abîmant progressivement les vaisseaux sanguins, le cœur, les reins et le cerveau, multipliant le risque d'infarctus, d'AVC et d'insuffisance rénale.

Q226. Quels sont les signes d'un AVC et comment réagir en urgence ?

▶ Les signes d'un AVC se mémorisent avec l'acronyme FAST : Face (asymétrie ou déformation du visage, sourire asymétrique), Arm (bras impossible à lever ou paralysé d'un côté), Speech (difficultés à parler, mots incompréhensibles ou confusion), Time (appeler le 15 immédiatement). Chaque minute compte : 2 millions de neurones meurent par minute sans prise en charge. L'AVC est une urgence thérapeutique absolue.

Q227. **Qu'est-ce que la dépression et comment la distingue-t-on d'une simple tristesse passagère ?**

▶ La dépression est un trouble mental caractérisé par une tristesse profonde et persistante pendant plus de deux semaines, une perte d'intérêt et de plaisir pour les activités habituelles, une fatigue intense, des difficultés de concentration et de mémoire, des sentiments de culpabilité ou d'inutilité excessifs et parfois des idées suicidaires. Elle diffère d'une tristesse passagère par son intensité, sa durée et l'impact qu'elle a sur le fonctionnement quotidien.

Q228. **Qu'est-ce que le don du sang et qui peut en bénéficier ?**

▶ Le don du sang est un acte civique volontaire, bénévole et anonyme permettant de donner des composants sanguins (sang total, plasma, plaquettes) qui seront utilisés pour transfuser des patients nécessitant une aide thérapeutique : personnes opérées, victimes d'accidents graves, patients sous chimiothérapie, malades souffrant de maladies du sang. En France, le consentement présumé s'applique depuis 2017 pour les organes mais le don du sang reste volontaire et déclaré.

Q229. **Qu'est-ce que l'obésité infantile et quelles en sont les causes principales ?**

▶ L'obésité infantile est définie selon des courbes de croissance spécifiques à l'âge et au sexe de l'enfant. Elle résulte d'un déséquilibre prolongé entre apports et dépenses énergétiques, influencé par la consommation d'aliments ultra-transformés et de boissons sucrées, la sédentarité excessive (temps d'écran prolongé), les facteurs génétiques et familiaux, et un environnement socio-économique défavorable. Elle prédispose aux maladies chroniques à l'âge adulte.

Q230. **Qu'est-ce que la vaccination contre les papillomavirus (HPV) et à qui est-elle recommandée ?**

▶ Le vaccin HPV protège contre les papillomavirus humains responsables de la majorité des cancers du col de l'utérus et d'autres cancers génitaux et oropharyngés. En France, il est recommandé pour les filles et les garçons entre 11 et 14 ans (rattrapage jusqu'à 19 ans), idéalement avant le début de la vie sexuelle. Depuis 2023, une campagne de vaccination est proposée dans les collèges pour atteindre une couverture vaccinale de 80 %.

Q231. **Qu'est-ce que l'hépatite B et comment se transmet-elle ?**

▶ L'hépatite B est une infection virale du foie causée par le virus VHB, transmis par voie sexuelle, par contact avec du sang contaminé (partage de seringues, tatouage avec matériel souillé) et de la mère à l'enfant lors de l'accouchement. Elle peut devenir chronique (10 % des cas) et évoluer vers une cirrhose ou un cancer du foie. Un vaccin efficace existe et fait partie des 11 vaccins obligatoires chez l'enfant en France depuis 2018.

Q232. **Qu'est-ce que la médecine préventive et quels en sont les acteurs en France ?**

▶ La médecine préventive vise à prévenir l'apparition ou l'aggravation des maladies plutôt qu'à les traiter. Ses acteurs en France incluent les médecins traitants (bilans, dépistages, vaccinations), la médecine du travail (prévention des risques professionnels), la Protection Maternelle et Infantile (PMI), les centres de dépistage, Santé publique France (agence nationale), l'Éducation nationale (santé scolaire) et les CPEF (centres de planification et d'éducation familiale).

Q233. **Qu'est-ce que le cycle menstruel et quelles en sont les phases ?**

▶ Le cycle menstruel dure en moyenne 28 jours (de 21 à 35 jours selon les femmes). Il comprend quatre phases : la phase menstruelle (règles, J1-J5), la phase folliculaire (maturation d'un follicule ovarien sous l'effet des œstrogènes, J1-J14), l'ovulation (libération de l'ovule vers J14) et la phase lutéale (sécrétion de progestérone par le corps jaune, J14-J28). En l'absence de fécondation, le taux de progestérone chute et déclenchent les règles.

Q234. **Qu'est-ce que la grossesse extra-utérine et pourquoi est-ce une urgence médicale ?**

▶ La grossesse extra-utérine (GEU) est une grossesse qui se développe en dehors de l'utérus, le plus souvent dans une trompe de Fallope. C'est une urgence médicale absolue car la trompe peut se rompre au fur et à mesure que l'embryon se développe, entraînant une hémorragie interne potentiellement mortelle. Les signes évocateurs sont une douleur pelvienne unilatérale intense, des saignements vaginaux et des vertiges chez une femme en âge de procréer.

Q235. **Quelles sont les précautions à prendre pendant la grossesse pour éviter la toxoplasmose ?**

▶ La toxoplasmose est une infection parasitaire (Toxoplasma gondii) bénigne chez l'adulte sain mais dangereuse pour le fœtus. Les femmes enceintes séronégatives doivent éviter de manger de la viande crue ou peu cuite, laver soigneusement les fruits et légumes, éviter de jardiner sans gants et éviter tout contact avec les litières de chats. Des sérologies mensuelles sont prescrites jusqu'à l'accouchement en cas de séronégativité.

Q236. **Qu'est-ce que la BPCO et comment évolue-t-elle si elle n'est pas traitée ?**

▶ La Broncho-Pneumopathie Chronique Obstructive (BPCO) est une maladie respiratoire progressive caractérisée par une obstruction permanente et irréversible des voies aériennes. Sans prise en charge (arrêt du tabac en priorité, bronchodilatateurs, réhabilitation respiratoire), elle évolue vers une insuffisance respiratoire chronique nécessitant une oxygénothérapie à domicile, puis une insuffisance cardiaque droite et finalement le décès. C'est la 3ème cause de mortalité mondiale.

Q237. **Qu'est-ce que les maladies rares et quels dispositifs existent pour les patients en France ?**

▶ On parle de maladie rare quand elle touche moins d'une personne sur 2 000. Il en existe plus de 7 000 affectant environ 3 millions de Français. La plupart sont d'origine génétique. Orphanet est la base de données internationale de référence. En France, le Plan national maladies rares, les 23 filières de santé maladies rares (FSMR) et les

Centres de Référence Maladies Rares (CRMR) coordonnent les soins spécialisés.

Q238. Qu'est-ce que la santé environnementale et pourquoi est-elle un enjeu majeur ?

▶ La santé environnementale est la discipline qui étudie les interactions entre les facteurs environnementaux (pollution de l'air, de l'eau, des sols, perturbateurs endocriniens, bruit, ondes) et la santé humaine. L'OMS estime que 23 % des décès dans le monde sont imputables à des causes environnementales. En France, le troisième Plan National Santé Environnement (PNSE) vise à réduire les expositions et à protéger les populations les plus vulnérables.

Q239. Comment fonctionne le don d'organes en France depuis la loi de 2017 ?

▶ Depuis la loi du 1er janvier 2017, la France applique le principe du consentement présumé : tout citoyen est considéré comme donneur d'organes après sa mort, sauf s'il a explicitement enregistré son refus sur le Registre National des Refus (RNR) de l'Agence de la Biomédecine. Il est important d'informer ses proches de ses souhaits, car leur témoignage reste écouté par l'équipe médicale en cas de doute sur la volonté du défunt.

Q240. Qu'est-ce que le bilan de santé gratuit de l'Assurance Maladie ?

▶ L'Assurance Maladie propose à tous les assurés un bilan de santé complet gratuit tous les 5 ans. Il comprend un examen médical général, des examens biologiques (cholestérol, glycémie, NFS), un entretien sur les habitudes de vie (tabac, alcool, activité physique, alimentation), un bilan bucco-dentaire et visuel, et des vaccinations de rattrapage. Ce bilan permet de détecter précocement des facteurs de risque avant l'apparition de maladies.

Q241. Qu'est-ce que le jeûne intermittent et quels sont ses effets sur la santé ?

▶ Le jeûne intermittent est une pratique alimentaire alternant des périodes de prise alimentaire normale et des périodes de jeûne (le plus souvent 16 heures de jeûne et 8 heures de fenêtre alimentaire par jour). Des études suggèrent des bénéfices sur la gestion du poids, la sensibilité à l'insuline et la réduction de l'inflammation chronique. Cependant, il est contre-indiqué chez les personnes souffrant de diabète, de TCA ou chez les femmes enceintes.

Q242. **Qu'est-ce que l'alimentation végétarienne et quels en sont les risques nutritionnels ?**

▶ L'alimentation végétarienne exclut la viande et le poisson mais maintient les produits laitiers et les œufs. Elle peut couvrir tous les besoins nutritionnels si elle est bien planifiée. Les risques principaux sont les carences en vitamine B12 (absente des végétaux), en fer héminique (mieux absorbé que le fer non-héminique des végétaux), en oméga-3 à longue chaîne (EPA/DHA) et en zinc. Une supplémentation en B12 est souvent recommandée.

Q243. **Qu'est-ce que l'alimentation végane et en quoi diffère-t-elle du végétarisme ?**

▶ L'alimentation végane (ou végétalienne) exclut tous les produits d'origine animale : viandes, poissons, produits laitiers, œufs et miel. Les risques de carences sont plus importants qu'en végétarisme : vitamine B12 (supplémentation obligatoire), vitamine D, calcium, fer, zinc, iode et oméga-3 à longue chaîne. En l'absence de suivi nutritionnel adapté, ce régime peut présenter des risques pour la santé, notamment chez les enfants, les femmes enceintes et les personnes âgées.

Q244. **Qu'est-ce que le gaspillage alimentaire et quelles sont ses conséquences ?**

▶ Le gaspillage alimentaire désigne toute nourriture destinée à la consommation humaine qui est perdue ou jetée. En France, il représente environ 10 millions de tonnes par an (150 kg par personne et par an), dont 30 % dans les foyers. Il a des impacts environnementaux majeurs (consommation d'eau, d'énergie, émissions de GES des déchets organiques en décharge) et économiques. La loi Garot de 2016 interdit aux grandes surfaces de jeter leurs invendus alimentaires.

Q245. **Quelles sont les principales recommandations pour les personnes souffrant de diabète de type 2 ?**

▶ La prise en charge nutritionnelle du diabète de type 2 vise à contrôler la glycémie. Les recommandations incluent : répartir l'apport glucidique en trois repas réguliers, privilégier les glucides complexes à index glycémique bas (légumineuses, céréales complètes), limiter les sucres rapides (boissons sucrées, confiseries), réduire les graisses saturées, augmenter les fibres (légumes, fruits entiers), et maintenir un poids normal grâce à l'activité physique régulière.

Q246. **Quels sont les additifs alimentaires et comment sont-ils réglementés en France ?**

▶ Les additifs alimentaires sont des substances ajoutées aux aliments pour des raisons technologiques : conservation (antioxydants E300, conservateurs E200), couleur (colorants E100), texture (émulsifiants E400, épaississants E400) ou goût (exhausteurs de goût E600). En France et en Europe, chaque additif doit être autorisé par l'EFSA (Autorité Européenne de Sécurité des Aliments) avant usage. Ils sont identifiés par leur code E sur les étiquettes.

Q247. **Qu'est-ce que l'index glycémique (IG) et pourquoi est-il important pour la santé ?**

▶ L'index glycémique (IG) mesure la vitesse à laquelle un aliment fait monter la glycémie (taux de glucose sanguin) après sa consommation, comparé au glucose pur (IG = 100). Les aliments à IG élevé (pain blanc, pommes de terre, boissons sucrées) provoquent une montée rapide de la glycémie suivie d'une hypoglycémie réactionnelle (coup de pompe). Les aliments à IG bas (légumineuses, céréales complètes) assurent un apport énergétique plus régulier et prolongé.

Q248. **Qu'est-ce que le microbiote intestinal et quel est son rôle dans la santé ?**

▶ Le microbiote intestinal est l'ensemble des micro-organismes (bactéries, virus, champignons, parasites) vivant dans le tube digestif, représentant environ 100 000 milliards de micro-organismes. Il joue des rôles essentiels : digestion des fibres et production de vitamines (K, B12), protection contre les agents pathogènes, régulation du système immunitaire et influence sur la santé mentale (axe intestin-cerveau). Une alimentation riche en fibres et en aliments fermentés favorise un microbiote diversifié.

Q249. **Quels sont les aliments à risque lors d'une grossesse et pourquoi ?**

▶ Pendant la grossesse, certains aliments sont à éviter pour prévenir la listériose (fromages au lait cru, charcuteries, poissons fumés) et la toxoplasmose (viandes crues ou peu cuites, fruits et légumes non lavés). Les poissons riches en mercure (espadon, requin, thon) sont à limiter car le mercure est neurotoxique pour le fœtus. L'alcool est strictement interdit et la caféine doit être limitée à 200 mg par jour (2 cafés maximum).

Q250. **Qu'est-ce que la dénutrition et quelles populations sont particulièrement concernées ?**

▶ La dénutrition est un état dans lequel un déficit en énergie, en protéines ou en micronutriments entraîne des effets négatifs sur l'organisme. En France, elle touche particulièrement les personnes âgées hospitalisées ou en EHPAD (30 à 70 % selon les études), les malades chroniques (cancers, insuffisances d'organes), les patients hospitalisés et les personnes en situation de précarité sociale. Elle aggrave les pathologies, retarde la guérison et augmente la mortalité.

Q251. **Quelle est la différence entre l'intolérance au lactose et l'allergie aux protéines du lait ?**

▶ L'intolérance au lactose est un trouble digestif dû au déficit en lactase, l'enzyme permettant de digérer le sucre du lait (lactose). Elle provoque ballonnements, crampes et diarrhées mais n'est pas dangereuse. L'allergie aux protéines du lait de vache (APLV) est une réaction immunitaire aux protéines du lait qui peut provoquer des réactions allant de l'urticaire à l'anaphylaxie potentiellement mortelle. L'APLV nécessite une éviction totale du lait.

Q252. **Qu'est-ce que la maladie cœliaque et quel régime impose-t-elle ?**

▶ La maladie cœliaque est une maladie auto-immune dans laquelle l'ingestion de gluten (protéine présente dans le blé, le seigle, l'orge) provoque une réaction immunitaire qui détruit les villosités intestinales, réduisant l'absorption des nutriments. Le seul traitement est un régime sans gluten strict à vie, éliminant pain, pâtes, gâteaux et tous produits contenant du blé, seigle ou orge. Elle touche environ 1 % de la population.

Q253. **Quels sont les besoins nutritionnels spécifiques de l'adolescent ?**

▶ L'adolescence est une période de croissance rapide avec des besoins nutritionnels augmentés : en calcium (1200 mg/jour pour la minéralisation osseuse maximale), en fer (surtout chez les filles en raison des pertes menstruelles), en protéines (pour le développement musculaire), en zinc (pour la maturation sexuelle) et en vitamines D et C. Les régimes restrictifs, trop fréquents à cet âge, peuvent compromettre le pic de masse osseuse et le développement.

Q254. **Qu'est-ce que la néophobie alimentaire chez l'enfant et comment y faire face ?**

▶ La néophobie alimentaire est le refus de goûter des aliments nouveaux ou non familiers, très fréquent entre 2 et 8 ans. C'est un comportement normal du développement mais qui peut devenir problématique s'il entraîne des carences nutritionnelles. Il est conseillé d'exposer répétitivement l'enfant aux aliments refusés sans forcer, de cuisiner avec lui, de varier les préparations et de maintenir une ambiance sereine autour des repas sans transformer ceux-ci en bataille.

Q255. **Quels sont les dangers des régimes amaigrissants très hypocaloriques (<1000 kcal/j) ?**

▶ Les régimes très hypocaloriques (moins de 1000 kcal par jour) entraînent des risques sérieux : des carences nutritionnelles en vitamines et minéraux, une perte de masse musculaire (le corps brûle ses protéines), une fatigue intense, une fragilisation des os, des troubles du rythme cardiaque et un effet yoyo à l'arrêt (reprise du poids plus graisseuse). Ils doivent être évités sans suivi médical strict et ne jamais être proposés aux enfants, adolescents ou personnes âgées.

Q256. **Qu'est-ce que l'alimentation méditerranéenne et quels sont ses bénéfices prouvés ?**

▶ Le régime méditerranéen est caractérisé par une consommation élevée de légumes, fruits, légumineuses, céréales complètes, poissons et huile d'olive, une consommation modérée de produits laitiers et une faible consommation de viande rouge et de produits transformés. Des études scientifiques robustes ont démontré son efficacité pour réduire le risque de maladies cardiovasculaires, de diabète de type 2, de certains cancers et de maladies neurodégénératives.

Q257. **Quels sont les aliments riches en oméga-3 et pourquoi sont-ils importants ?**

▶ Les oméga-3 sont des acides gras polyinsaturés essentiels, c'est-à-dire que l'organisme ne peut pas les synthétiser et doit les obtenir par l'alimentation. Les poissons gras (sardine, maquereau, saumon, hareng) sont les meilleures sources d'EPA et de DHA. L'acide alpha-linolénique (ALA) se trouve dans les graines de lin, les noix et l'huile de colza. Les oméga-3 sont bénéfiques pour le système cardiovasculaire, le cerveau et la réduction de l'inflammation.

Q258. **Comment lire correctement l'étiquetage nutritionnel d'un produit alimentaire ?**

▶ L'étiquetage nutritionnel obligatoire en Europe indique pour 100 g (et parfois par portion) : la valeur énergétique en kcal, les graisses (dont saturées), les glucides (dont sucres), les fibres, les protéines et le sel. Pour comparer deux produits équivalents, il faut toujours comparer pour 100 g. Le Nutri-Score (A à E) simplifie cette lecture en attribuant une note globale de qualité nutritionnelle.

Q259. Qu'est-ce que l'hydratation sportive et comment adapter sa consommation d'eau selon l'effort ?

▶ La déshydratation est l'une des principales causes de contre-performance sportive. Avant l'effort, il est conseillé de boire 500 ml dans les 2 heures précédant l'exercice. Pendant l'effort, consommer 150 à 200 ml toutes les 15 à 20 minutes. Pour les efforts supérieurs à 1 heure, des boissons énergétiques contenant des glucides et des électrolytes (sodium, potassium) sont préférables à l'eau seule. Après l'effort, boire jusqu'à la disparition de la sensation de soif.

Q260. Qu'est-ce que le sel et pourquoi faut-il en limiter la consommation ?

▶ Le sel (chlorure de sodium) est indispensable à la vie en petites quantités car il régule l'hydratation, la pression sanguine et la transmission nerveuse. Cependant, une consommation excessive est associée à l'hypertension artérielle, aux maladies cardiovasculaires et à un risque accru de cancer gastrique. L'OMS recommande de ne pas dépasser 5 g de sel par jour. Les Français consomment en moyenne 8 à 10 g par jour, principalement via les aliments transformés, la charcuterie et le pain.

Q261. Qu'est-ce que la fibromyalgie et quel rôle joue l'alimentation dans sa gestion ?

▶ La fibromyalgie est un syndrome douloureux chronique caractérisé par des douleurs musculaires diffuses, une fatigue chronique, des troubles du sommeil et des difficultés cognitives. Son origine est multifactorielle (neurologique, psychologique, génétique). Bien qu'aucun régime ne soit validé scientifiquement comme traitement, une alimentation anti-inflammatoire (riche en oméga-3, fruits, légumes, avec limitation des sucres raffinés et des aliments ultra-transformés) est souvent recommandée pour améliorer le bien-être global.

Q262. Quels sont les aliments riches en fer et comment optimiser son absorption ?

▶ Le fer existe sous deux formes dans les aliments : le fer héminique (mieux absorbé, 15-35 % d'absorption) présent dans les viandes rouges, le foie et les poissons, et le fer non-héminique (2-10 % d'absorption) des légumineuses, épinards, noix et céréales enrichies. Pour optimiser l'absorption du fer non-héminique, il faut le consommer avec de la vitamine C (agrumes, poivron) et éviter de boire du thé ou du café au cours du repas (qui inhibent l'absorption du fer).

Q263. **Qu'est-ce que les probiotiques et les prébiotiques et quel est leur intérêt ?**

▶ Les probiotiques sont des micro-organismes vivants (lactobacilles, bifidobactéries) qui, administrés en quantité suffisante, exercent un effet bénéfique sur la santé en renforçant le microbiote intestinal. On les trouve dans les yaourts, kéfir, choucroute et autres aliments fermentés. Les prébiotiques sont des fibres non digestibles (inuline, fructo-oligosaccharides) qui nourrissent les bactéries bénéfiques du côlon ; on les trouve dans l'ail, l'oignon, les asperges, les artichauts et la banane.

Q264. **Quels sont les besoins nutritionnels des personnes âgées ?**

▶ Les personnes âgées ont des besoins nutritionnels spécifiques : des apports caloriques souvent réduits en raison d'une diminution de l'activité physique, mais des besoins en protéines maintenus voire augmentés (1 à 1,2 g/kg/j) pour prévenir la sarcopénie, des apports en calcium (1200 mg/j) et vitamine D (800 à 1000 UI/j) augmentés pour prévenir l'ostéoporose, et une attention particulière à l'hydratation car la sensation de soif diminue avec l'âge.

Q265. **Quelles sont les règles d'hygiène du personnel en restauration collective ?**

▶ En restauration collective, le personnel doit obligatoirement porter une tenue propre et réservée au travail (tablier, charlotte couvrant les cheveux, chaussures de sécurité antidérapantes), avoir les ongles courts et propres sans vernis, ne porter ni bijoux ni montre, se laver les mains avant chaque manipulation d'aliment et après toute interruption du travail (passage aux toilettes, prise de déchets), et ne pas travailler en cas de maladie contagieuse ou de plaie infectée.

Q266. **Qu'est-ce qu'un allergène majeur et comment est-il réglementé dans l'alimentation ?**

▶ La réglementation européenne INCO (1169/2011) identifie 14 allergènes majeurs à déclaration obligatoire sur les étiquettes en caractères gras : céréales contenant du gluten (blé, seigle, orge), crustacés, œufs, poissons, cacahuètes, soja, lait, fruits à coque (amandes, noisettes, noix...), céleri, moutarde, graines de sésame, dioxyde de soufre/sulfites, lupin et mollusques. En restauration, ces informations doivent être disponibles pour le consommateur.

Q267. **Quels sont les effets négatifs des sucres ajoutés et des boissons sucrées sur la santé ?**

▶ Une consommation excessive de sucres ajoutés et de boissons sucrées (sodas, jus de fruits industriels, boissons énergisantes) est associée à l'obésité, au diabète de type 2, aux caries dentaires, aux maladies cardiovasculaires et à la stéatose hépatique non alcoolique (maladie du foie gras). L'OMS recommande de limiter les sucres libres à moins de 10 % des apports énergétiques totaux (idéalement moins de 5 %, soit environ 25 g par jour pour un adulte).

Q268. **Qu'est-ce que la permaculture et l'agriculture biologique et en quoi diffèrent-elles ?**

▶ L'agriculture biologique (AB) est un mode de production réglementé qui exclut les pesticides de synthèse et les engrais chimiques de fertilisation, favorise la biodiversité et respecte le bien-être animal. Le logo AB est contrôlé et certifié. La permaculture est une approche philosophique plus large de conception de systèmes agricoles et de vie durables, inspirés des écosystèmes naturels, qui inclut mais dépasse les principes du bio. Elle n'est pas soumise à une certification officielle.

Q269. **Quels sont les bénéfices des fruits et légumes et pourquoi faut-il en consommer 5 par jour ?**

▶ Les fruits et légumes sont des sources essentielles de vitamines (C, B9, A), de minéraux (potassium, magnésium), de fibres et d'antioxydants (polyphénols, caroténoïdes). Leur consommation régulière réduit le risque de maladies cardiovasculaires, de cancers, de diabète de type 2 et d'obésité. La recommandation de 5 portions par jour (1 portion = 80 g) vise à couvrir les besoins en micronutriments et en fibres dans le cadre d'une alimentation équilibrée.

Q270. **Qu'est-ce que le test de dépistage du diabète et comment se prépare-t-on ?**

▶ Le dépistage du diabète repose sur la mesure de la glycémie à jeun (GAJ) après au moins 8 heures de jeûne. Un taux normal est inférieur à 1,1 g/L. Entre 1,1 et 1,26 g/L, on parle d'hyperglycémie modérée à jeun (prédiabète). Au-delà de 1,26 g/L confirmé sur deux prélèvements distincts, le diagnostic de diabète est posé. Ce dosage est réalisé en laboratoire d'analyse médicale sur prescription du médecin traitant ou dans le cadre du bilan de santé gratuit de l'Assurance Maladie.

Q271. **Quels sont les principes de conservation des aliments pour préserver leur qualité nutritionnelle ?**

▶ Pour préserver la qualité nutritionnelle des aliments, il faut limiter l'exposition à la chaleur, à l'air et à la lumière qui dégradent les vitamines (notamment C et B9). Les meilleures méthodes de conservation sont la réfrigération (0-4°C pour les produits frais), la congélation rapide à -18°C (qui preserve bien les nutriments), le conditionnement sous atmosphère modifiée et la stérilisation industrielle. La cuisson à la vapeur douce préserve mieux les nutriments que la cuisson à l'eau bouillante.

Q272. **Qu'est-ce que le rôle des fibres alimentaires dans la santé digestive ?**

▶ Les fibres alimentaires sont des glucides non digestibles présents dans les végétaux (fruits, légumes, légumineuses, céréales complètes). Elles jouent plusieurs rôles essentiels : augmenter le volume du bol fécal et accélérer le transit intestinal (prévention de la constipation), nourrir le microbiote intestinal, réduire l'absorption des graisses et du cholestérol, ralentir l'absorption des sucres (réduction de l'index glycémique) et procurer un sentiment de satiété. L'apport journalier recommandé est de 25 à 30 g.

Q273. **Qu'est-ce que la prévention tertiaire dans le contexte des risques professionnels ?**

▶ Dans le contexte des risques professionnels, la prévention tertiaire vise à limiter les conséquences des accidents ou maladies professionnelles déjà survenus et à favoriser le maintien dans l'emploi des salariés atteints de pathologies. Elle comprend la réadaptation fonctionnelle après un accident, l'aménagement des postes de travail pour les personnes handicapées ou fragilisées (RQTH), le mi-temps thérapeutique et l'accompagnement par le médecin du travail pour prévenir les rechutes.

Q274. **Qu'est-ce que le principe de substitution dans la prévention du risque chimique ?**

▶ Le principe de substitution dans la prévention du risque chimique consiste à remplacer un produit chimique dangereux par un autre présentant moins de risques pour la santé ou l'environnement. C'est la mesure la plus efficace dans la hiérarchie des mesures de prévention car elle supprime le danger à la source. Par exemple, remplacer un solvant organique cancérigène par un nettoyant à base d'eau, ou une peinture à base de solvant par une peinture à l'eau.

Q275. **Qu'est-ce que la pénibilité au travail et quels facteurs sont reconnus en France ?**

▶ La pénibilité au travail désigne l'exposition à des facteurs de risques professionnels qui laissent des traces durables sur la santé. En France, le Compte Professionnel de Prévention (C2P) recense 6 facteurs de pénibilité exposant à des seuils définis : travail de nuit, travail en équipes successives alternantes, travail répétitif, travail en milieu hyperbare (sous pression), bruit et températures extrêmes. Les salariés exposés acquièrent des points permettant des formations, départs anticipés ou temps partiels.

Q276. Qu'est-ce que le travail en horaires atypiques et quels en sont les effets sur la santé ?

▶ Le travail posté, de nuit ou aux horaires décalés perturbe les rythmes biologiques naturels (rythmes circadiens) liés au cycle lumière/obscurité. À long terme, il est associé à des troubles du sommeil chroniques, une augmentation du risque cardiovasculaire, de diabète de type 2, de certains cancers (notamment du sein chez les femmes de nuit) et de troubles psychologiques. Il affecte également la vie sociale et familiale. Les travailleurs de nuit bénéficient d'une surveillance médicale renforcée.

Q277. Qu'est-ce que le repérage précoce des TMS en entreprise ?

▶ Le repérage précoce des TMS vise à identifier les premiers signes d'inconfort et de douleur musculo-squelettique avant qu'ils ne se transforment en maladies professionnelles chroniques et invalidantes. Les outils de repérage incluent des questionnaires de dépistage (Nordic Questionnaire), des observations vidéo des postes de travail, les données de l'infirmerie (consultations répétées pour douleurs), et les remontées des salariés lors des entretiens avec le médecin du travail. L'intervention précoce réduit considérablement l'incapacité.

Q278. Quelles sont les obligations de l'employeur en cas d'accident grave ou mortel ?

▶ En cas d'accident grave ou mortel dans l'entreprise, l'employeur doit : sécuriser les lieux et alerter les secours, informer immédiatement l'inspection du travail (qui peut procéder à une enquête), déclarer l'accident à la CPAM dans les 48 heures, conserver les preuves (ne pas modifier la scène avant l'enquête si possible), informer le CSE/CHSCT qui doit enquêter sur les causes, et mettre en place des mesures correctives pour prévenir la récidive.

Q279. Qu'est-ce que la visite médicale de reprise du travail et quand est-elle obligatoire ?

▶ La visite médicale de reprise doit être organisée par l'employeur dans les 8 jours suivant le retour d'un salarié absent pour arrêt maladie de plus de 30 jours, pour maladie professionnelle, après maternité, ou après un accident du travail (même bref). Le médecin du travail peut déclarer le salarié apte, apte avec restriction ou préconiser un aménagement de poste, ou inapte (décision motivée et résultant d'un examen clinique). Un salarié déclaré inapte ouvre droit à un reclassement ou un licenciement pour inaptitude.

Q280. **Qu'est-ce que la notion de faute inexcusable de l'employeur dans les accidents du travail ?**

▶ La faute inexcusable de l'employeur est reconnue par les tribunaux lorsque l'employeur avait ou aurait dû avoir conscience du danger auquel était exposé son salarié et n'a pas pris les mesures nécessaires pour l'en préserver. Sa reconnaissance entraîne une majoration de la rente d'incapacité permanente versée à la victime ou à ses ayants droit, la prise en charge de certains préjudices (souffrances physiques et morales, préjudice esthétique), et une majoration des cotisations AT/MP de l'entreprise.

Q281. **Qu'est-ce que le Compte Personnel de Prévention (C2P) et comment fonctionne-t-il ?**

▶ Le C2P est un dispositif permettant aux salariés exposés à certains facteurs de pénibilité au-delà de seuils réglementaires d'acquérir des points (jusqu'à 8 par an). Ces points peuvent être convertis en financement de formation professionnelle (pour se reconvertir vers un poste moins exposé), en passage à temps partiel sans perte de salaire et en trimestres de retraite supplémentaires pour un départ anticipé. Il est géré par la CARSAT et accessible via le compte en ligne du salarié.

Q282. **Quels sont les risques professionnels spécifiques au secteur de la restauration ?**

▶ Le secteur de la restauration présente des risques professionnels spécifiques : les risques de brûlures (fours, plaques, fritures), les coupures (couteaux, trancheuses, mandolines), les chutes sur sols glissants, les TMS liés au port de charges et aux postures debout prolongées, les risques chimiques (produits de nettoyage corrosifs), le risque biologique (contaminations alimentaires), et les risques psychosociaux liés au travail sous pression et aux horaires décalés.

Q283. **Qu'est-ce que l'économie circulaire et comment s'oppose-t-elle à l'économie linéaire ?**

▶ L'économie circulaire est un modèle économique visant à préserver les ressources naturelles en prolongeant la durée de vie des produits et en réduisant les déchets. Elle s'oppose à l'économie linéaire traditionnelle (prendre → fabriquer → jeter) en favorisant un système en boucle : conception durable, réparation, réemploi, recyclage et valorisation des déchets. La loi AGEC (2020) fixe des objectifs ambitieux de réduction des emballages plastiques et de développement de l'économie circulaire en France.

Q284. **Quels sont les effets des pesticides sur la santé humaine ?**

▶ L'exposition aux pesticides (herbicides, fongicides, insecticides) est associée à plusieurs pathologies : certains cancers (lymphomes, leucémies, cancers du cerveau pour les agriculteurs exposés), des perturbations endocriniennes (effets sur la reproduction et le développement), des maladies neurologiques (maladie de Parkinson reconnue comme maladie professionnelle agricole) et des effets sur le développement neurologique de l'enfant. La réduction de l'utilisation des pesticides est un enjeu majeur de santé publique.

Q285. **Qu'est-ce que l'empreinte carbone et comment la calculer ?**

▶ L'empreinte carbone représente la quantité totale de gaz à effet de serre (exprimée en équivalent CO2) émise directement ou indirectement par une personne, une entreprise ou un produit. Elle comprend les émissions directes (transport personnel, chauffage) et indirectes (alimentation, achats, services). Des calculateurs en ligne (comme Nos Gestes Climat de l'ADEME) permettent d'estimer son empreinte. La moyenne française est d'environ 9 à 10 tonnes de CO2eq/personne/an contre 2 tonnes recommandées.

Q286. **Qu'est-ce que la mobilité douce et quels en sont les bénéfices ?**

▶ La mobilité douce (ou active) désigne les modes de déplacement non motorisés ou peu polluants : marche à pied, vélo (classique ou électrique), trottinette, rollers, etc. Elle présente de multiples bénéfices : réduction des émissions de CO2 et de la pollution atmosphérique, décongestion du trafic urbain, amélioration de la santé physique des usagers, réduction du bruit et des coûts de transport. En France, le Plan Vélo national vise à multiplier par trois la part du vélo dans les déplacements d'ici 2024.

Q287. **Qu'est-ce que la pollution lumineuse et quels sont ses impacts ?**

▶ La pollution lumineuse est l'excès et la mauvaise orientation de l'éclairage artificiel nocturne (publicités, lampadaires, bâtiments illuminés). Elle perturbe les rythmes biologiques de nombreuses espèces animales (oiseaux migrateurs désorientés, insectes attirés vers les sources lumineuses), réduit la biodiversité, provoque des troubles du sommeil chez l'humain (suppression de la mélatonine) et fait disparaître les étoiles du ciel. Des solutions existent : lampadaires orientés vers le bas, extinction nocturne, détecteurs de présence.

Q288. **Qu'est-ce que la microplastique et comment pénètre-t-elle dans l'organisme humain ?**

▶ Les microplastiques sont des particules de plastique de moins de 5 mm résultant de la dégradation de déchets plastiques ou produits directement (billes de cosmétiques). Ils contaminent l'air, l'eau potable et les aliments. Des études ont détecté des microplastiques dans les poumons, le sang, le placenta et le lait maternel humains. Leurs effets sur la santé à long terme sont encore mal connus mais font l'objet de recherches intensives. Réduire sa consommation de plastique est la principale mesure préventive.

Q289. **Qu'est-ce que la transition énergétique et quels sont les objectifs de la France ?**

▶ La transition énergétique désigne le passage d'une économie fondée sur les énergies fossiles (pétrole, gaz, charbon) vers des systèmes reposant sur les énergies renouvelables (solaire, éolien, hydraulique, géothermie) pour réduire les émissions de GES. La

France s'est fixé des objectifs via la loi énergie-climat : neutralité carbone en 2050, 40 % d'énergies renouvelables dans la consommation finale d'énergie en 2030, et réduction de la part du nucléaire à 50 % de la production électrique.

Q290. **Qu'est-ce que la forêt et quel rôle joue-t-elle dans la régulation du climat ?**

▶ Les forêts couvrent environ 30 % de la surface terrestre et jouent un rôle crucial de puits de carbone : elles absorbent par photosynthèse environ 2,6 milliards de tonnes de CO2 par an, soit environ 25 % des émissions mondiales. Elles régulent également le cycle de l'eau (précipitations, infiltration), maintiennent la biodiversité, protègent les sols de l'érosion et régulent les températures locales. La déforestation tropicale représente 10 à 15 % des émissions mondiales de GES.

CHAPITRE 5
ENVIRONNEMENT

Développement durable • Déchets • Pollution • Énergie • Biodiversité

Q291. **Quels sont les enjeux de l'eau douce à l'échelle mondiale ?**

▶ L'eau douce accessible ne représente que 0,3 % de l'eau totale sur Terre. Sa raréfaction est l'un des défis majeurs du XXIe siècle : la demande mondiale augmente avec la croissance démographique et économique, le changement climatique perturbe le cycle hydrologique (sécheresses, inondations), la pollution des nappes phréatiques réduit les réserves disponibles, et l'agriculture irriguée représente 70 % de la consommation mondiale d'eau douce. Selon l'ONU, 2 milliards de personnes n'ont pas accès à une eau potable sûre.

Q292. **Qu'est-ce que la pollution sonore urbaine et quels sont ses effets sur la santé ?**

▶ La pollution sonore urbaine, principalement liée à la circulation automobile et aux activités industrielles, est associée à de nombreux effets sanitaires : troubles du sommeil, stress chronique, hypertension artérielle, maladies cardiovasculaires, dépression et déficits cognitifs chez les enfants. L'OMS estime qu'en Europe, le bruit cause 16 000 décès prématurés par an par maladies cardiovasculaires. Des Plans de Prévention du Bruit dans l'Environnement (PPBE) sont obligatoires dans les grandes agglomérations.

Q293. **Qu'est-ce que la loi AGEC et quels sont ses principaux apports ?**

▶ La loi Anti-Gaspillage pour une Économie Circulaire (AGEC, 2020) marque une rupture majeure dans la politique de gestion des déchets en France. Elle interdit progressivement les plastiques à usage unique (pailles, couverts, assiettes), impose l'indice de réparabilité sur les appareils électroniques pour inciter à l'achat de produits durables, crée une garantie légale de disponibilité des pièces détachées pour 5 à

10 ans, et impose le tri à la source des biodéchets pour tous les ménages d'ici 2023.

Q294. **Quels sont les effets de la déforestation sur l'environnement et le climat ?**

▶ La déforestation tropicale (principalement en Amazonie, Indonésie et Afrique centrale) entraîne des émissions massives de CO2 (les arbres coupés libèrent le carbone stocké), la perte de biodiversité (les forêts tropicales hébergent 80 % des espèces terrestres), la perturbation du cycle de l'eau (réduction des précipitations régionales), l'érosion et la dégradation des sols, et la disparition des cultures autochtones. Elle est principalement causée par l'agriculture industrielle (soja, huile de palme, élevage bovin).

Q295. **Qu'est-ce que l'énergie solaire et comment fonctionne un panneau photovoltaïque ?**

▶ L'énergie solaire photovoltaïque convertit le rayonnement solaire directement en électricité grâce à l'effet photovoltaïque : les photons du soleil frappent des cellules de silicium et libèrent des électrons qui créent un courant continu, transformé en courant alternatif par un onduleur. En France, le potentiel solaire est significatif, notamment dans le Sud. La puissance installée a fortement augmenté ces dernières années, soutenue par des tarifs de rachat garantis et des aides à l'installation.

Q296. **Quels sont les avantages et inconvénients de l'énergie nucléaire en France ?**

▶ L'énergie nucléaire présente des avantages en France : faibles émissions de CO2 (10 g CO2eq/kWh contre 820 g pour le charbon), production d'électricité pilotable et stable, coût de production relativement bas. Ses inconvénients sont : la gestion des déchets radioactifs à long terme (milliers d'années), le risque d'accident nucléaire (Tchernobyl, Fukushima), la dépendance à l'uranium importé, le coût élevé de construction des nouvelles centrales et le problème de vieillissement du parc existant.

Q297. Qu'est-ce que la permaculture et quels sont ses principes fondamentaux ?

▶ La permaculture est une approche de conception de systèmes agricoles, d'habitats et de modes de vie durables, inspirée des écosystèmes naturels. Elle repose sur trois éthiques fondamentales : prendre soin de la Terre, prendre soin des humains et partager équitablement les ressources. Ses principes incluent l'observation de la nature, l'utilisation des ressources biologiques locales, la création de cycles fermés (déchets = ressources) et la diversification maximale des cultures pour la résilience.

Q298. Qu'est-ce que le bilan carbone d'un produit et comment est-il calculé ?

▶ Le bilan carbone d'un produit (ou analyse de cycle de vie — ACV) mesure l'ensemble des émissions de GES générées tout au long de sa vie : extraction des matières premières, fabrication, transport, utilisation et fin de vie (recyclage ou élimination). Par exemple, le bilan carbone d'un smartphone inclut l'extraction du coltan et des terres rares, la fabrication en Chine, le transport par avion et les émissions liées à son utilisation électrique. Cet outil permet de comparer des produits selon leur impact environnemental réel.

Q299. Qu'est-ce que les zones protégées et quels sont les différents statuts en France ?

▶ La France dispose de plusieurs statuts de protection de la nature : les Parcs Nationaux (11 en France métropolitaine et outre-mer, protection intégrale du cœur), les Parcs Naturels Régionaux (58, gestion durable du patrimoine naturel et culturel), les Réserves Naturelles Nationales (170, protection stricte d'espèces et habitats), les zones Natura 2000 (réseau européen de sites à biodiversité remarquable) et les Aires Marines Protégées. Ces zones jouent un rôle clé dans la préservation de la biodiversité.

Q300. Qu'est-ce que l'agriculture durable et quelles pratiques met-elle en œuvre ?

▶ L'agriculture durable cherche à produire des aliments en quantité suffisante tout en préservant l'environnement, la santé et le tissu social rural. Elle repose sur des pratiques comme l'agroécologie (association de cultures, agroforesterie), l'agriculture biologique, la rotation des cultures (qui réduit les maladies et maintient la fertilité), la réduction des intrants chimiques, l'irrigation économe, et la valorisation des circuits courts et de la proximité avec les consommateurs.

Q301. **Quels sont les impacts environnementaux du textile et de la fast fashion ?**

▶ L'industrie textile est l'une des plus polluantes au monde : production de fibres synthétiques issues du pétrole (polyester), utilisation massive de pesticides pour le coton (25 % des pesticides mondiaux pour 2,4 % des terres agricoles), rejets de colorants toxiques dans les eaux, émissions de CO2 liées au transport intercontinental. La fast fashion génère 92 millions de tonnes de déchets textiles par an. Des alternatives plus durables existent : achat de seconde main, vêtements de qualité et durables, fibres naturelles certifiées.

Q302. **Quels sont les risques naturels auxquels la France est exposée et comment s'y préparer ?**

▶ La France métropolitaine et ses DOM-TOM sont exposés à de nombreux risques naturels : inondations (premier risque), tempêtes, séismes (Antilles, Alpes, Pyrénées), éruptions volcaniques (Martinique, Guadeloupe, Réunion), avalanches, mouvements de terrain et feux de forêt (qui s'intensifient avec le changement climatique). Pour s'y préparer : connaître les risques de sa commune (dossier communal), préparer un kit d'urgence, s'inscrire aux alertes gouvernementales et connaître les réflexes à adopter.

Q303. **Qu'est-ce que l'Aide Personnalisée au Logement (APL) et qui peut en bénéficier ?**

▶ L'APL est une aide financière versée par la CAF pour réduire le montant du loyer ou de la mensualité d'un prêt immobilier. Elle est attribuée sous conditions de ressources et dépend du montant du loyer, de la composition du foyer et de la zone géographique. Elle est versée directement au bailleur qui la déduit du loyer. Depuis 2020, le calcul est basé sur les revenus des 12 derniers mois (réforme de la contemporanéisation). Elle est accessible aux locataires comme aux accédants à la propriété sous conditions.

Q304. **Qu'est-ce que le plan d'épargne salariale et en quoi bénéficie-t-il aux salariés ?**

▶ Le plan d'épargne salariale permet aux salariés d'investir dans un fonds d'épargne collectif via l'intéressement, la participation ou des versements volontaires, avec un abondement possible de l'employeur. Le PEE (Plan d'Épargne Entreprise) est bloqué 5 ans (sauf cas de déblocage anticipé légaux) et bénéficie d'exonérations fiscales et sociales. Le PERCO ou PER Collectif est dédié à l'épargne retraite. Ces dispositifs favorisent la participation des salariés aux bénéfices de l'entreprise.

Q305. **Qu'est-ce que le salaire minimum et quelles sont ses modalités d'application en France ?**

▶ Le SMIC (Salaire Minimum Interprofessionnel de Croissance) est la rémunération minimum légale en France, au-dessous de laquelle aucun employeur ne peut rémunérer ses salariés pour le même travail. En 2024, il est d'environ 11,65 € brut de l'heure. Il s'applique aux salariés de 18 ans et plus ; des minima réduits existent pour les moins de 18 ans. Sa revalorisation est encadrée par la loi et tient compte de l'inflation. Des conventions collectives peuvent prévoir des minima supérieurs.

Q306. **Quels sont les droits du patient hospitalisé en France ?**

▶ La Charte du patient hospitalisé reconnaît plusieurs droits fondamentaux : le droit au respect de la dignité et de l'intimité, le droit à l'information sur son état de santé et les traitements proposés, le droit au consentement libre et éclairé (ou à son refus), le droit d'être accompagné d'une personne de confiance, le droit à la confidentialité des informations médicales, le droit à une prise en charge de la douleur et le droit d'accès à son dossier médical dans les 8 jours.

Q307. **Qu'est-ce que le consentement éclairé en médecine et pourquoi est-il fondamental ?**

▶ Le consentement éclairé est le principe éthique et juridique selon lequel tout acte médical (consultation, examen, traitement, intervention chirurgicale) ne peut être réalisé qu'avec l'accord libre et informé du patient. Le médecin doit informer le patient des bénéfices attendus, des risques prévisibles et des alternatives thérapeutiques, en des termes compréhensibles. Le patient peut refuser tout soin, même salvateur, dès lors qu'il est majeur et en possession de ses facultés. Ce principe est inscrit dans la loi du 4 mars 2002 (loi Kouchner).

Q308. **Qu'est-ce que le secret médical et quelles sont ses limites légales ?**

▶ Le secret médical est l'obligation imposée à tout professionnel de santé de ne pas divulguer les informations confidentielles obtenues dans le cadre de sa pratique médicale. Il protège l'intimité du patient et garantit sa confiance envers le médecin. Ses limites légales sont : les obligations de déclaration des maladies contagieuses à l'ARS, le signalement des maltraitances d'enfants (levée du secret autorisée), la protection des tiers (ex. contre une maladie contagieuse grave) et les expertises judiciaires.

Q309. **Qu'est-ce que la responsabilité civile et comment est-elle assurée pour les particuliers ?**

▶ La responsabilité civile d'un particulier est l'obligation légale de réparer les dommages causés à autrui, qu'ils soient physiques, matériels ou moraux. Elle est couverte par l'assurance responsabilité civile, généralement incluse dans les contrats multirisques habitation et auto, qui indemnise les tiers victimes à la place de l'assuré. La responsabilité civile professionnelle est une assurance distincte qui couvre les dommages causés dans le cadre de l'activité professionnelle.

Q310. **Qu'est-ce que la protection juridictionnelle des travailleurs en cas de litige avec l'employeur ?**

▶ En cas de litige individuel entre un salarié et son employeur portant sur l'exécution ou la rupture du contrat de travail, le Conseil de Prud'hommes est la juridiction compétente. C'est une juridiction paritaire composée de conseillers élus (salariés et employeurs). La procédure commence par une tentative de conciliation obligatoire. En cas d'échec, le litige est jugé en audience de jugement. Les décisions prud'homales peuvent faire l'objet d'un appel devant la Cour d'appel et d'un pourvoi en cassation.

Q311. **Quels sont les principaux droits des apprentis en France ?**

▶ Les apprentis bénéficient des mêmes droits que les autres salariés : contrat écrit (contrat d'apprentissage), rémunération minimale (pourcentage du SMIC variant selon l'âge et l'année d'apprentissage), protection sociale complète, congés payés, suivi médical, droit à la formation et représentation par les délégués du personnel. L'employeur a des obligations spécifiques : désigner un maître d'apprentissage qualifié, assurer des conditions de travail sécuritaires adaptées à l'âge, et ne pas affecter l'apprenti à des travaux dangereux sans encadrement.

Q312. **Qu'est-ce que le travail dissimulé (travail au noir) et quelles en sont les conséquences ?**

▶ Le travail dissimulé consiste à employer un salarié sans le déclarer à l'URSSAF ou à effectuer une activité rémunérée sans la déclarer fiscalement. Il prive le travailleur de ses droits sociaux (assurance maladie, retraite, chômage) et fait peser sur lui le risque d'absence de couverture en cas d'accident. Pour l'employeur, les sanctions sont lourdes : amendes, redressements de cotisations, pénalités, peines d'emprisonnement et interdiction de gérer une entreprise.

Q313. **Qu'est-ce que l'assurance chômage et quelles en sont les conditions d'accès ?**

▶ L'assurance chômage (géré par l'Unédic et mis en œuvre par France Travail) verse l'Allocation d'Aide au Retour à l'Emploi (ARE) aux demandeurs d'emploi involontairement privés d'emploi (licenciement, fin de CDD, rupture conventionnelle — pas la démission en général). Les conditions sont d'avoir travaillé au moins 6 mois sur les 24 derniers mois, d'être inscrit comme demandeur d'emploi et d'être à la recherche active d'un emploi. La durée d'indemnisation est proportionnelle à la durée de cotisation.

Q314. **Quels sont les différents types de retraite complémentaire en France ?**

▶ Le système de retraite français est à deux niveaux : le régime de base (CNAV pour les salariés du privé) et les régimes complémentaires obligatoires. Pour les salariés du privé, l'AGIRC-ARRCO est le régime complémentaire unifié depuis 2019 qui fonctionne par points. Les cadres et non-cadres cotisent à ARRCO, et seuls les cadres cotisaient à AGIRC avant leur fusion. Des dispositifs d'épargne retraite individuelle existent également : PER individuel, PER d'entreprise (PER Collectif ou PER Obligatoire).

Q315. **Qu'est-ce que la retraite anticipée pour carrière longue ?**

▶ Le dispositif de retraite anticipée pour carrière longue permet à des salariés ayant commencé à travailler très tôt de partir à la retraite avant l'âge légal (64 ans depuis 2023). Les conditions dépendent de l'âge de début de carrière : les assurés ayant commencé à travailler avant 16, 18 ou 20 ans peuvent partir entre 58 et 63 ans s'ils justifient d'une durée de cotisation suffisante (entre 44 et 43 annuités selon les cas). Ce dispositif a été maintenu et étendu par la réforme de 2023.

Q316. **Quels sont les droits des salariés en matière de congés payés ?**

▶ En France, tout salarié acquiert 2,5 jours ouvrables de congés payés par mois de travail effectif, soit 30 jours ouvrables (ou 25 jours ouvrés) par an. La période principale de prise de congés s'étend du 1er mai au 31 octobre, avec l'obligation de prendre au moins 12 jours consécutifs en été. S'ajoutent les jours fériés (11 par an), les congés exceptionnels (mariage, naissance, décès) et les RTT pour les salariés au forfait jours ou en modulation du temps de travail.

Q317. **Qu'est-ce que la durée légale du travail en France et quelles sont les limites maximales ?**

▶ La durée légale du travail en France est fixée à 35 heures par semaine. Au-delà, les heures sont considérées comme supplémentaires et sont majorées (25 % pour les 8 premières heures supplémentaires par semaine, 50 % au-delà). Des limites maximales s'appliquent : 10 heures par jour maximum, 48 heures sur une semaine isolée (ou 44 heures en moyenne sur 12 semaines), 11 heures de repos entre deux journées de travail et 35 heures de repos hebdomadaire continu.

Q318. **Qu'est-ce que le droit à la formation continue et comment est-il financé ?**

▶ La formation professionnelle continue est un droit reconnu à tous les actifs (salariés, demandeurs d'emploi, travailleurs indépendants) pour adapter leurs compétences aux évolutions de l'emploi ou favoriser leur évolution professionnelle. Elle est financée par une contribution obligatoire des entreprises à leur OPCO (Opérateur de Compétences), par le Compte Personnel de Formation (CPF) et par France Compétences. Les salariés peuvent accéder à des formations pendant ou en dehors de leur temps de travail.

Q319. **Qu'est-ce que l'entretien professionnel et quelle est son obligation légale ?**

▶ L'entretien professionnel est un entretien obligatoire tous les deux ans entre le salarié et son employeur consacré aux perspectives d'évolution professionnelle (compétences, qualifications, emploi). Il est distinct de l'entretien d'évaluation annuel. Tous les six ans, un bilan récapitulatif vérifie que le salarié a bénéficié de formations, acquis des éléments de certification et progressé en termes de rémunération ou de responsabilités. En cas de manquement, l'employeur doit abonder le CPF du salarié.

Q320. **Qu'est-ce que le harcèlement sexuel au travail et quelles sont les sanctions applicables ?**

▶ Le harcèlement sexuel au travail est défini par la loi comme le fait d'imposer à une personne des propos ou comportements à connotation sexuelle répétés qui portent atteinte à sa dignité ou créent une situation intimidante, hostile ou offensante. L'assimilation à des faits de harcèlement sexuel est également reconnue pour les actes de pression grave visant à obtenir un acte sexuel. Les sanctions pénales peuvent aller jusqu'à 3 ans d'emprisonnement et 45 000 € d'amende (majorées en cas de circonstances aggravantes).

Q321. **Qu'est-ce que le télétravail et quels sont les droits et obligations qu'il implique ?**

▶ Le télétravail désigne toute forme d'organisation du travail dans laquelle un travail effectué en entreprise est réalisé hors des locaux, grâce aux technologies numériques. Il doit faire l'objet d'un accord entre l'employeur et le salarié (il ne peut être imposé unilatéralement). L'employeur doit fournir le matériel nécessaire, prendre en charge les frais professionnels supplémentaires (internet, mobilier), assurer la protection des données et appliquer les règles de durée du travail. Le salarié bénéficie des mêmes droits qu'au bureau.

Q322. **Quels sont les organismes d'aide sociale de proximité en France ?**

▶ Les organismes d'aide sociale de proximité comprennent : le CCAS (Centre Communal d'Action Sociale) qui gère les aides sociales légales et facultatives au niveau communal, les CDAS (Centres Départementaux d'Action Sociale) pour les aides du conseil départemental (RSA, APA, ASE), le CASD des associations caritatives (Croix-Rouge, Restos du Cœur, Secours Populaire), les épiceries sociales et solidaires, et les CPAM pour les droits à la santé. Ces acteurs travaillent en réseau pour accompagner les personnes vulnérables.

Q323. **Qu'est-ce que le RSA et quelles sont les conditions pour en bénéficier ?**

▶ Le Revenu de Solidarité Active (RSA) est une allocation différentielle versée par la CAF ou la MSA qui garantit un revenu minimum aux personnes sans ressources ou disposant de faibles revenus. Pour en bénéficier, il faut être âgé d'au moins 25 ans (ou avoir un enfant à charge), résider en France de façon stable et effective, ne pas être étudiant ni apprenti et avoir des ressources inférieures au seuil du RSA. Le bénéficiaire s'engage à participer à des démarches d'insertion professionnelle ou sociale.

Q324. Qu'est-ce que la protection de l'enfance et quels en sont les acteurs ?

▶ La protection de l'enfance vise à prévenir et traiter les situations de danger ou de risque pour les mineurs. Les acteurs principaux sont : l'Aide Sociale à l'Enfance (ASE) du conseil départemental, le juge des enfants (autorité judiciaire compétente), la PMI, les services de l'Éducation nationale (signalement des professeurs), les professionnels de santé (médecins, infirmiers scolaires), la police et la gendarmerie, et les associations spécialisées. La CRIP (Cellule de Recueil des Informations Préoccupantes) coordonne les signalements.

Q325. Qu'est-ce que la médiation sociale et dans quels contextes est-elle utilisée ?

▶ La médiation sociale est un processus volontaire et confidentiel par lequel une tierce personne neutre (le médiateur) aide les parties en conflit à communiquer et à trouver elles-mêmes une solution amiable. Elle est utilisée dans de nombreux contextes : conflits de voisinage, litiges de consommation (médiateurs sectoriels), conflits au travail, conflits familiaux (médiation familiale), litiges avec l'administration (médiateur de la République/Défenseur des droits) et en urbanisme (concertation citoyenne).

Q326. Qu'est-ce que la précarité et comment affecte-t-elle la santé ?

▶ La précarité désigne une situation d'instabilité économique, sociale et/ou psychologique mettant en jeu la satisfaction des besoins fondamentaux. Elle affecte la santé de multiples façons : difficultés d'accès aux soins (coût des mutuelles, avances de frais), alimentation déséquilibrée (moins chère), conditions de logement dégradées (humidité, surpeuplement), stress chronique lié à l'insécurité, moindre recours à la prévention et aux dépistages. Les personnes précaires ont une espérance de vie réduite de plusieurs années par rapport à la population générale.

Q327. Qu'est-ce que l'insertion par l'activité économique (IAE) ?

▶ L'Insertion par l'Activité Économique (IAE) est un dispositif d'accompagnement socio-professionnel destiné aux personnes éloignées de l'emploi (chômeurs de longue durée, personnes handicapées, bénéficiaires du RSA, détenus). Des structures spécifiques (associations intermédiaires, ateliers et chantiers d'insertion, entreprises d'insertion, ETTI) leur proposent un travail rémunéré accompagné d'un suivi personnalisé pour lever les freins à l'emploi (logement, garde d'enfants, santé) et développer leurs compétences professionnelles.

Q328. Quelles sont les aides financières disponibles pour les étudiants en France ?

▶ Les étudiants peuvent bénéficier de diverses aides financières : les bourses sur critères sociaux du CROUS (de 0 à 7 échelons selon les ressources familiales), les aides au logement de la CAF (APL ou ALS), la garantie Visale pour la caution (sans garant physique), les prêts étudiants garantis par l'État, les aides d'urgence du CROUS pour les situations de détresse, et certaines allocations familiales maintenues jusqu'à 20 ans sous conditions. Des compléments existent selon les régions et les établissements.

Q329. Qu'est-ce que le revenu universel et quels en sont les arguments pour et contre ?

▶ Le revenu universel (ou revenu de base inconditionnel) est une allocation versée à tous les citoyens sans condition de ressources ni d'activité, en remplacement ou en complément des aides sociales existantes. Ses partisans avancent la réduction de la pauvreté, la simplification administrative et la libération de l'entrepreneuriat. Ses opposants soulèvent le coût de financement très élevé, le risque de désincitatif au travail et la remise en cause du modèle de protection sociale basé sur le travail. Plusieurs expérimentations ont été menées dans différents pays.

Q330. Qu'est-ce que l'économie sociale et solidaire (ESS) ?

▶ L'économie sociale et solidaire désigne un secteur regroupant des entreprises qui ont adopté un mode de gouvernance et un objectif différents des entreprises classiques : associations, mutuelles, coopératives (SCOP, SCIC), fondations et entreprises sociales. Elles placent l'utilité sociale et la solidarité au cœur de leur modèle, pratiquent une gouvernance démocratique (un membre = une voix) et réinvestissent la majorité de leurs bénéfices dans leur activité. L'ESS représente 10 % du PIB et 14 % de l'emploi privé en France.

Q331. Qu'est-ce que le microcrédit et à quoi sert-il ?

▶ Le microcrédit est un prêt de faible montant (généralement de 500 à 10 000 euros) accordé à des personnes exclues du système bancaire traditionnel pour financer la création ou le développement d'une petite activité économique. En France, l'ADIE (Association pour le Droit à l'Initiative Économique) est le principal opérateur de microcrédit professionnel. Le microcrédit personnel permet de financer des projets d'insertion (permis de conduire, formation, équipement) aux personnes en difficulté financière.

Q332. Quelles sont les instances de représentation des salariés et leurs missions ?

▶ Le Comité Social et Économique (CSE), obligatoire dans les entreprises de plus de 11 salariés, est l'unique instance de représentation du personnel depuis 2017. Ses missions comprennent : représenter les salariés auprès de la direction, présenter les réclamations individuelles et collectives, être consulté sur les décisions importantes (économiques, organisationnelles), veiller à la santé et à la sécurité au travail (ancienne mission du CHSCT) et gérer les activités sociales et culturelles (chèques vacances, cadeaux).

Q333. Qu'est-ce que la négociation collective et quels sont ses différents niveaux ?

▶ La négociation collective est le processus par lequel les représentants des employeurs et des salariés (syndicats) négocient et concluent des accords collectifs portant sur les conditions de travail, les rémunérations et les garanties sociales. Elle s'exerce à plusieurs niveaux : interprofessionnel (accords nationaux entre patronat et syndicats), branche professionnelle (conventions collectives de branche) et entreprise (accords d'entreprise qui peuvent déroger à la branche dans certains domaines). La loi du 8 août 2016 a étendu les possibilités de négociation au niveau de l'entreprise.

Q334. **Quelles sont les obligations légales de l'employeur en matière d'égalité professionnelle homme/femme ?**

▶ L'employeur est tenu à plusieurs obligations légales en matière d'égalité professionnelle : interdiction de toute discrimination salariale basée sur le sexe (à poste équivalent, l'écart de rémunération est illégal), obligation de publier annuellement un Index d'Égalité Professionnelle (résultat sur 100 intégrant l'écart de salaires, d'augmentations et de promotions), négociation annuelle obligatoire sur l'égalité professionnelle, et neutralité de genre dans les offres d'emploi et la gestion des ressources humaines.

Q335. **Qu'est-ce que le droit au repos compensateur et quand s'applique-t-il ?**

▶ Le repos compensateur est une contrepartie en repos accordée aux salariés effectuant des heures supplémentaires ou travaillant dans des conditions particulières (travail de nuit, dimanche, jours fériés). En cas d'heures supplémentaires, lorsque le contingent annuel d'heures supplémentaires est dépassé (220 heures par défaut), chaque heure supplémentaire ouvre droit à un repos compensateur de remplacement (RCR) d'au moins 50 % de l'heure effectuée (100 % pour les entreprises de plus de 20 salariés).

Q336. **Qu'est-ce que la mobilité professionnelle et comment l'encourager ?**

▶ La mobilité professionnelle désigne tout changement de poste, de métier, de secteur d'activité ou de zone géographique dans le parcours professionnel d'un individu. Elle peut être interne à l'entreprise (mobilité fonctionnelle ou géographique) ou externe (reconversion, changement d'employeur). Elle est encouragée par le Conseil en Évolution Professionnelle (CEP) gratuit, le CPF, le dispositif Transitions Pro (financement des reconversions longues pour les salariés), et les clauses de mobilité prévues dans certains contrats de travail.

Q337. **Qu'est-ce que l'aide à la création d'entreprise (ACRE) et quels sont ses avantages ?**

▶ L'ACRE (Aide à la Création ou à la Reprise d'une Entreprise) est un dispositif d'exonération partielle de charges sociales accordé aux créateurs d'entreprises pendant la première année d'activité. Elle est accessible aux demandeurs d'emploi, bénéficiaires du RSA, jeunes de moins de 26 ans et autres publics cibles. L'exonération porte sur les cotisations sociales personnelles (maladie-maternité, famille, retraite de base), dans la limite du plafond annuel de la Sécurité Sociale. Elle peut être complétée par d'autres aides (NACRE, dispositifs régionaux).

Q338. **Qu'est-ce que la protection sociale des travailleurs indépendants ?**

▶ Les travailleurs indépendants (auto-entrepreneurs, professions libérales, artisans, commerçants) bénéficient d'une protection sociale propre : l'assurance maladie et maternité est gérée par la CPAM depuis 2020 (avec les mêmes droits que les salariés en termes de remboursement), la retraite de base est gérée par la Sécurité Sociale des Indépendants (SSI) adossée à la CNAV, la retraite complémentaire dépend du statut (SSI, CIPAV pour les libéraux). La couverture contre le chômage et les accidents du travail doit être souscrite volontairement.

Q339. **Quels sont les principaux dispositifs de soutien aux personnes en situation de handicap dans l'emploi ?**

▶ Pour favoriser l'emploi des personnes handicapées, plusieurs dispositifs existent : la RQTH (Reconnaissance de la Qualité de Travailleur Handicapé) ouvre des droits à l'aménagement de poste et à des aides spécifiques, l'AGEFIPH finance des aménagements de postes et des formations dans le secteur privé, le FIPHFP joue le même rôle dans la fonction publique, le télétravail facilite l'accès à l'emploi pour certains handicaps, et Cap Emploi accompagne les demandeurs d'emploi handicapés dans leur recherche d'emploi.

Q340. Qu'est-ce que la Commission des droits et de l'autonomie des personnes handicapées (CDAPH) ?

▶ La CDAPH est la commission décisionnelle de la MDPH (Maison Départementale des Personnes Handicapées), composée de représentants du conseil départemental, de l'assurance maladie, de l'Éducation nationale, d'associations et de représentants des personnes handicapées. Elle prend les décisions relatives à l'attribution des droits et prestations : AAH, PCH (Prestation de Compensation du Handicap), RQTH, orientation scolaire ou professionnelle, et carte mobilité inclusion. Ses décisions sont prononcées pour des durées déterminées et renouvelables.

Q341. Qu'est-ce que la pension d'invalidité et dans quels cas est-elle accordée ?

▶ La pension d'invalidité est une prestation versée par la CPAM aux assurés dont la capacité de travail est réduite d'au moins deux tiers en raison d'une maladie non professionnelle ou d'un accident de la vie courante. Elle est classée en trois catégories selon la capacité résiduelle du bénéficiaire : catégorie 1 (peut encore exercer une activité rémunérée), catégorie 2 (incapacité d'exercer une activité professionnelle), catégorie 3 (incapacité et nécessité de l'assistance d'une tierce personne). Le montant varie selon la catégorie et les revenus antérieurs.

Q342. Quels sont les droits des personnes sans domicile fixe (SDF) ?

▶ Les personnes sans domicile fixe bénéficient des mêmes droits fondamentaux que les autres citoyens : droit à la santé (AME — Aide Médicale d'État pour les étrangers en situation irrégulière ou CMU/CSS pour les sans-abri en situation régulière), droit à l'hébergement d'urgence (115), droit à l'inscription sur les listes électorales (via une association agréée), droit à l'ouverture d'un compte bancaire (droit au compte), et accès aux aides sociales. La domiciliation administrative auprès d'un CCAS ou d'une association leur permet d'accéder à ces droits.

Q343. Qu'est-ce que la loi sur la protection des données personnelles (RGPD) ?

▶ Le RGPD (Règlement Général sur la Protection des Données), entré en vigueur en mai 2018, est une réglementation européenne qui renforce et harmonise la protection des données personnelles des citoyens européens. Il reconnaît plusieurs droits aux individus : droit d'accès à leurs données, de rectification, d'effacement (droit à l'oubli), de portabilité et d'opposition. Les entreprises doivent obtenir un consentement explicite pour collecter des données, informer les personnes de leur utilisation et garantir leur sécurité. La CNIL est l'autorité de contrôle en France.

Q344. Qu'est-ce que le cyberharcèlement et quels recours existe-t-il ?

▶ Le cyberharcèlement est un harcèlement pratiqué via les outils numériques (réseaux sociaux, messageries, e-mails) et caractérisé par sa répétition, sa violence (insultes, diffamation, menaces, partage de photos intimes) et son amplification virale. En France, il est puni par la loi (jusqu'à 2 ans d'emprisonnement et 30 000 € d'amende). Les victimes peuvent signaler les contenus sur les plateformes, contacter le 3018 (numéro dédié aux cyberviolences), déposer plainte auprès de la police ou de la gendarmerie, et solliciter l'association e-Enfance.

Q345. Qu'est-ce que l'éducation à la sexualité à l'école et quel est son cadre légal ?

▶ La loi du 4 juillet 2001 rend obligatoire une éducation à la sexualité dans les établissements scolaires : 3 séances par an au minimum de l'école primaire au lycée. Ces séances abordent la biologie de la reproduction, la contraception, les IST, les relations affectives et le respect de soi et des autres. Elles sont animées par des professionnels de santé, des infirmiers scolaires ou des associations agréées. Leur objectif est de promouvoir l'égalité de genre et de prévenir les violences sexuelles.

Q346. Qu'est-ce que le numéro d'appel d'urgence 3114 et quand doit-on l'utiliser ?

▶ Le 3114 est le numéro national de prévention du suicide, opérationnel 24h/24 et 7j/7, gratuit depuis n'importe quel téléphone fixe ou mobile. Des professionnels de santé mentale spécialement formés à la gestion des crises suicidaires répondent aux personnes en détresse psychologique, à leurs proches et aux professionnels confrontés à une situation de crise. Il peut être appelé en situation de crise suicidaire aiguë, pour des idées suicidaires, ou pour un proche dont on s'inquiète. Des ressources locales peuvent être proposées suite à l'appel.

Q347. **Quels sont les droits des patients atteints d'une Affection de Longue Durée (ALD) ?**

▶ L'Affection de Longue Durée (ALD) est une maladie chronique et évolutive nécessitant un traitement prolongé et coûteux. La liste des 30 ALD reconnues (diabète, cancer, insuffisance rénale, VIH...) ouvre droit à la prise en charge à 100 % des soins en rapport avec la pathologie par l'Assurance Maladie, sans avance de frais pour les soins exonérés. Le médecin traitant établit le protocole de soins avec le médecin-conseil de la CPAM. Certaines ALD ouvrent également droit à des allocations spécifiques et à des aménagements professionnels.

Q348. **Qu'est-ce que la fraude sociale et comment est-elle combattue en France ?**

▶ La fraude sociale comprend la fraude aux prestations sociales (fausses déclarations pour obtenir des allocations auxquelles on n'a pas droit) et la fraude aux cotisations sociales (travail dissimulé, sous-déclaration des salaires). Elle est combattue par la CNAF, l'URSSAF et les CPAM grâce à des croisements de fichiers informatiques, des échanges de données entre administrations et des contrôles sur le terrain. Les sanctions sont le remboursement des sommes indûment perçues, des pénalités financières et des poursuites pénales pour les cas graves.

Q349. **Quels sont les enjeux démographiques auxquels la France doit faire face ?**

▶ La France fait face à plusieurs enjeux démographiques majeurs : le vieillissement de la population (la part des plus de 65 ans passera de 21 % en 2022 à 29 % en 2050), qui accroît les dépenses de retraite et de dépendance ; la baisse du taux de fécondité (1,8 enfant par femme en 2023, en dessous du seuil de renouvellement de 2,1) ; les inégalités territoriales (désertification rurale vs concentration urbaine) et la question de l'intégration des populations immigrées dans un contexte de vieillissement actif.

Q350. **Quels sont les principes de la laïcité à l'école et dans la fonction publique ?**

▶ La laïcité est un principe constitutionnel français garantissant la liberté de conscience et la neutralité de l'État vis-à-vis des religions. À l'école publique, la loi de 2004 interdit aux élèves de porter des signes religieux ostensibles (voile islamique, croix très visible, kippa). Dans la fonction publique, les agents sont tenus à une stricte neutralité : ils ne peuvent manifester leurs convictions religieuses ou politiques dans l'exercice de leurs fonctions. Ces principes visent à garantir l'égalité de traitement de tous les citoyens.

Q351. **Qu'est-ce que l'Aide Médicale d'État (AME) et qui peut en bénéficier ?**

▶ L'AME est une couverture maladie destinée aux étrangers en situation irrégulière résidant en France depuis plus de 3 mois et ne dépassant pas un certain plafond de ressources. Elle leur permet d'accéder aux soins médicaux indispensables et d'urgence, remboursés à 100 % par l'Assurance Maladie. Ce dispositif humanitaire vise à prévenir l'aggravation des pathologies, à protéger la santé publique (maladies transmissibles) et à réduire le recours aux urgences hospitalières pour des soins qui auraient pu être évités.

Q352. **Quels sont les différents types de structures d'hébergement pour les personnes âgées ?**

▶ Les personnes âgées dépendantes peuvent être accueillies dans plusieurs types de structures : les EHPAD (Établissements d'Hébergement pour Personnes Âgées Dépendantes), les USLD

(Unités de Soins de Longue Durée) pour les personnes très dépendantes, les résidences autonomie (ex-foyers-logements) pour les personnes semi-autonomes, et les MARPA (Maisons d'Accueil Rurales pour Personnes Âgées). À domicile, des services d'aide et d'accompagnement à domicile (SAAD) et l'HAD (Hospitalisation À Domicile) permettent de maintenir les personnes dans leur environnement habituel.

Q353. **Quels sont les outils numériques mis à disposition des citoyens pour accéder à leurs droits ?**

▶ Les administrations françaises ont développé de nombreux portails numériques pour faciliter l'accès aux droits : ameli.fr pour la gestion des droits à l'Assurance Maladie, caf.fr pour les allocations familiales, service-public.fr pour les démarches administratives générales, impots.gouv.fr pour la déclaration fiscale, mon-compte-formation.gouv.fr pour le CPF, pole-emploi.fr pour les demandeurs d'emploi, et france-services.gouv.fr pour les maisons France Services, présentes dans les zones peu desservies numériquement.

Q354. **Que signifie la notion de bien commun et comment s'applique-t-elle dans la société française ?**

▶ Un bien commun est une ressource partagée par une communauté, qu'elle soit naturelle (l'air, l'eau, les forêts) ou immatérielle (les savoirs, le patrimoine culturel, internet), dont la gestion collective et la préservation bénéficient à l'ensemble de la société. En France, la Sécurité Sociale, les services publics (école, hôpital, transport), les parcs nationaux et le domaine public constituent des formes de biens communs. La notion interpelle sur la gestion durable des ressources partagées face aux logiques de privatisation.

Q355. **Qu'est-ce que la fibromyalgie et comment se manifeste-t-elle ?**

▶ La fibromyalgie est une maladie chronique caractérisée par des douleurs musculo-squelettiques diffuses, une fatigue intense, des troubles du sommeil et des difficultés de concentration (fibro-brouillard). Elle touche principalement les femmes et reste mal connue. Le diagnostic est clinique, basé sur la présence de douleurs généralisées persistant plus de 3 mois. La prise en charge combine kinésithérapie, activité physique douce, thérapies cognitives et parfois antidépresseurs.

Q356. Qu'est-ce que la BPCO et qui est le plus à risque ?

▶ La Broncho-Pneumopathie Chronique Obstructive (BPCO) est une maladie respiratoire progressive caractérisée par une obstruction non totalement réversible des voies aériennes. Elle touche principalement les fumeurs (90 % des cas) et les personnes exposées à des polluants professionnels. Elle se manifeste par une toux chronique, une expectoration et un essoufflement progressif. En France, 3,5 millions de personnes en sont atteintes. Elle reste sous-diagnostiquée car longtemps asymptomatique.

Q357. Qu'est-ce que l'hypothyroïdie et quels en sont les signes ?

▶ L'hypothyroïdie est un fonctionnement insuffisant de la glande thyroïde entraînant un déficit en hormones thyroïdiennes. Elle se manifeste par une fatigue chronique, une prise de poids sans raison, une frilosité excessive, une constipation, un ralentissement du rythme cardiaque, une peau sèche, une chute de cheveux et un visage bouffi. En France, elle touche surtout les femmes après 50 ans. Le traitement repose sur la prise quotidienne d'hormones de synthèse (lévothyroxine).

Q358. Qu'est-ce que la dermatite atopique et comment la gérer au quotidien ?

▶ La dermatite atopique (eczéma atopique) est une maladie inflammatoire chronique de la peau caractérisée par des plaques sèches, rouges et intensément prurigineuses. Elle touche 15 à 20 % des enfants et peut persister à l'âge adulte. Sa gestion quotidienne repose sur l'application d'émollients pour restaurer la barrière cutanée, l'utilisation de corticoïdes topiques lors des poussées, l'identification et l'éviction des facteurs déclenchants (stress, allergènes, détergents) et le port de vêtements doux en coton.

Q359. Qu'est-ce que la coloscopie et pourquoi est-elle recommandée après 50 ans ?

▶ La coloscopie est un examen endoscopique permettant d'explorer l'intérieur du côlon et du rectum grâce à une caméra souple introduite par l'anus. Elle est recommandée à partir de 50 ans dans le cadre du dépistage du cancer colorectal (2e cancer le plus meurtrier en France), car elle permet de détecter et d'enlever des polypes avant qu'ils ne deviennent cancéreux. Elle est aussi indiquée en cas de sang dans les selles détecté par le test immunologique proposé tous les 2 ans.

Q360. **Qu'est-ce que la prémenopause et comment accompagner cette période de vie ?**

▶ La pré-ménopause (ou périménopause) désigne la période de transition hormonale précédant la ménopause, souvent entre 40 et 50 ans, caractérisée par une irrégularité des cycles menstruels, des bouffées de chaleur, des sueurs nocturnes, des sautes d'humeur, une sécheresse vaginale et des troubles du sommeil. L'accompagnement repose sur une alimentation équilibrée riche en phytoestrogènes, l'activité physique régulière, la réduction du stress et, dans certains cas, un traitement hormonal de substitution (THS) prescrit par un médecin.

Q361. **Qu'est-ce que la méningite et comment la reconnaître d'urgence ?**

▶ La méningite est une inflammation des méninges (membranes entourant le cerveau et la moelle épinière), le plus souvent d'origine virale (bénigne) ou bactérienne (urgence vitale). Les signes d'alarme sont : une fièvre élevée brutale, des maux de tête intenses, une raideur de nuque, une photophobie, une phonophobie, des vomissements en jet et, dans les formes fulminantes, un purpura (taches rouges ou violettes qui ne s'effacent pas à la pression). Appeler le 15 immédiatement en cas de purpura.

Q362. **Qu'est-ce que la cataracte et comment est-elle traitée ?**

▶ La cataracte est une opacification progressive du cristallin (lentille naturelle de l'œil) entraînant une baisse de la vision, une vision trouble, un éblouissement aux lumières vives et une altération de la perception des couleurs. Elle touche principalement les personnes de plus de 65 ans. Le seul traitement efficace est chirurgical : l'ablation du cristallin opaque et son remplacement par un implant artificiel sous anesthésie locale, lors d'une intervention ambulatoire de 20 minutes, remboursée par l'Assurance Maladie.

Q363. **Qu'est-ce que la sclérose en plaques et comment évolue-t-elle ?**

▶ La sclérose en plaques (SEP) est une maladie auto-immune chronique du système nerveux central dans laquelle le système immunitaire attaque la myéline (gaine protectrice des nerfs). Elle touche environ 120 000 personnes en France, majoritairement des femmes de 20 à 40 ans. Elle évolue par poussées (symptômes nouveaux ou aggravés) et rémissions, ou de façon progressive. Les symptômes sont variés : fatigue, troubles de l'équilibre, vision double, engourdissements, spasticité. Des traitements de fond ralentissent son évolution.

Q364. **Qu'est-ce que l'insomnie chronique et quelles en sont les solutions non médicamenteuses ?**

▶ L'insomnie chronique est définie par des difficultés d'endormissement, des réveils nocturnes fréquents ou un réveil précoce, présents au moins 3 nuits par semaine pendant plus de 3 mois et impactant le fonctionnement diurne. Les solutions non médicamenteuses recommandées en première intention sont les Thérapies Cognitives et Comportementales pour l'Insomnie (TCC-I) : restriction du temps passé au lit, contrôle du stimulus, hygiène du sommeil (horaires réguliers, chambre fraîche et sombre, éviter les écrans le soir).

Q365. **Qu'est-ce que le syndrome du côlon irritable et comment l'améliorer ?**

▶ Le syndrome du côlon irritable (SCI ou colopathie fonctionnelle) est un trouble fonctionnel intestinal chronique sans lésion organique, caractérisé par des douleurs abdominales, des ballonnements et des troubles du transit (alternance diarrhées/constipation). Il touche 5 à 10 % de la population. L'amélioration passe par une alimentation adaptée (régime pauvre en FODMAPs), la gestion du stress (yoga, cohérence cardiaque), l'activité physique régulière et parfois des probiotiques ou des antispasmodiques.

Q366. **Qu'est-ce que la Haute Autorité de Santé (HAS) et quel est son rôle ?**

▶ La Haute Autorité de Santé (HAS) est une autorité publique indépendante à caractère scientifique, créée en 2004, qui a pour mission d'évaluer les produits, actes et technologies de santé en vue de leur remboursement, d'élaborer des recommandations de bonne pratique clinique, d'évaluer la qualité des établissements et services de santé et d'informer les professionnels et le grand public. Elle contribue au bon usage du système de santé et à l'amélioration de la qualité des soins.

Q367. **Qu'est-ce que la sécurité du patient et les événements indésirables graves ?**

▶ La sécurité du patient est un enjeu majeur de santé publique visant à prévenir les erreurs médicales évitables. Les événements indésirables graves associés aux soins (EIGS) incluent les infections nosocomiales (contractées en établissement de santé), les erreurs médicamenteuses, les chutes à l'hôpital et les actes invasifs sur le mauvais patient. La signalisation obligatoire, les revues de morbi-mortalité et le développement d'une culture non punitive de l'erreur sont des leviers d'amélioration essentiels.

Q368. **Qu'est-ce que la nutrition entérale et parentérale ?**

▶ La nutrition entérale consiste à apporter des nutriments directement dans le tube digestif via une sonde nasogastrique ou une stomie, lorsque le patient ne peut plus s'alimenter normalement mais que son intestin fonctionne encore. La nutrition parentérale consiste à perfuser directement dans la veine des solutions nutritives complètes (glucose, lipides, acides aminés, vitamines, minéraux) lorsque l'intestin ne peut plus assimiler les nutriments. Ces deux techniques permettent de maintenir l'état nutritionnel en cas de maladie grave.

Q369. Qu'est-ce que la douleur chronique et comment est-elle prise en charge ?

▶ La douleur chronique est une douleur persistant plus de 3 mois, souvent sans rapport direct avec une lésion tissulaire, qui affecte profondément la qualité de vie, le sommeil, les activités sociales et l'état psychologique. Sa prise en charge est pluridisciplinaire dans des Centres d'Évaluation et Traitement de la Douleur (CETD) : traitements médicamenteux (antalgiques, antidépresseurs, antiépileptiques), kinésithérapie, psychothérapie, techniques non médicamenteuses (TENS, acupuncture, relaxation) et éducation thérapeutique.

Q370. Qu'est-ce que l'endocrinologie et quelles maladies traite-t-elle ?

▶ L'endocrinologie est la spécialité médicale qui étudie et traite les maladies des glandes endocrines (glandes à sécrétion interne). Elle couvre notamment le diabète (type 1 et 2), les maladies thyroïdiennes (hypothyroïdie, hyperthyroïdie, nodules, cancer de la thyroïde), l'ostéoporose, les troubles de la croissance, les maladies des glandes surrénales (syndrome de Cushing, insuffisance surrénale), les maladies hypophysaires et les troubles de la reproduction hormonale.

CHAPITRE 6
VIE SOCIALE ET PROTECTION SOCIALE

Sécurité sociale • Contrats • Droits du citoyen • Handicap • Retraite

---

Q371. **Qu'est-ce que le dépistage néonatal et quelles maladies sont recherchées ?**

▶ Le dépistage néonatal est un programme national réalisé systématiquement chez tous les nouveau-nés en France dans les 3 jours suivant la naissance, par une prise de sang au talon (test de Guthrie). Il recherche actuellement 13 maladies rares et graves mais traitables : phénylcétonurie, hypothyroïdie congénitale, mucoviscidose, hyperplasie congénitale des surrénales, déficit en MCAD, déficit en LCHAD, acidurie glutarique type 1, homocystinurie, leucinose, tyrosinémie de type 1, acidémie isovalérique, déficit en 3-hydroxy-3-méthylglutaryl-CoA lyase et drépanocytose.

Q372. **Qu'est-ce que la pneumonie et quand est-elle grave ?**

▶ La pneumonie est une infection du parenchyme pulmonaire (tissu fonctionnel du poumon) causée le plus souvent par des bactéries (pneumocoque, legionella) ou des virus (grippe, SARS-CoV-2). Elle se manifeste par de la fièvre, une toux productive, des douleurs thoraciques et un essoufflement. Elle est grave chez les sujets âgés, immunodéprimés ou polypathologiques. Les critères de gravité guident l'hospitalisation ou l'admission en réanimation. Le vaccin antipneumococcique est recommandé chez les plus de 65 ans.

Q373. **Qu'est-ce que l'arythmie cardiaque et quand est-elle dangereuse ?**

▶ L'arythmie cardiaque est un trouble du rythme cardiaque : le cœur bat trop vite (tachycardie), trop lentement (bradycardie) ou de façon irrégulière. La fibrillation auriculaire (FA), la plus fréquente, multiplie par 5 le risque d'AVC. La fibrillation ventriculaire est une urgence absolue entraînant l'arrêt cardiaque. Le diagnostic repose sur l'électrocardiogramme (ECG). Les traitements incluent les médicaments antiarythmiques, la cardioversion électrique, l'ablation par cathéter et le défibrillateur implantable.

Q374. **Qu'est-ce que la mucoviscidose et comment est-elle prise en charge ?**

▶ La mucoviscidose est une maladie génétique autosomique récessive due à une mutation du gène CFTR, entraînant la production de mucus trop épais qui obstrue les voies respiratoires et digestives. Elle touche environ 7 000 patients en France. La prise en charge est multidisciplinaire et vise à dégager les voies respiratoires (kinésithérapie respiratoire quotidienne), prévenir les infections (antibiotiques), assurer un apport nutritionnel suffisant et, depuis 2020, les thérapies modulatrices de CFTR (Kaftrio) ont révolutionné l'espérance et la qualité de vie des patients.

Q375. **Qu'est-ce que la chrononutrition et ses principes de base ?**

▶ La chrononutrition est une approche alimentaire qui adapte les apports nutritionnels aux rythmes biologiques naturels de l'organisme. Elle préconise un petit-déjeuner riche en graisses (fromage, beurre, pain) pour suivre le pic de sécrétion de lipases digestives le matin, un déjeuner protéiné à midi, une collation de fruits secs en fin d'après-midi et un dîner léger le soir. Son principe est que les mêmes aliments ont des effets différents selon l'heure à laquelle ils sont consommés.

Q376. **Qu'est-ce que le jeûne intermittent et quels en sont les bénéfices potentiels ?**

▶ Le jeûne intermittent est une pratique alimentaire alternant des périodes de jeûne et d'alimentation normale. Le protocole le plus courant est le 16/8 (16 heures de jeûne, 8 heures de fenêtre alimentaire). Les études suggèrent des bénéfices sur la perte de poids, la sensibilité à l'insuline, les marqueurs inflammatoires et la pression artérielle. Il permet l'autophagie (nettoyage cellulaire). Il n'est pas recommandé aux femmes enceintes, aux enfants, aux personnes diabétiques sous traitement ou ayant des antécédents de TCA.

Q377. Qu'est-ce que les superaliments et sont-ils réellement indispensables ?

▶ Les superaliments sont des aliments naturels particulièrement riches en nutriments bénéfiques (spiruline, graines de chia, baies de goji, curcuma, acaï, avocat, myrtilles). Leur popularité est liée à un marketing puissant. Bien qu'ils contiennent effectivement des micronutriments intéressants, les études scientifiques ne prouvent pas qu'ils apportent des bénéfices supérieurs à une alimentation variée et équilibrée. Une alimentation équilibrée riche en fruits et légumes de saison locaux est généralement suffisante et moins coûteuse.

Q378. Qu'est-ce que la diète méditerranéenne et pourquoi est-elle reconnue comme la plus saine ?

▶ La diète méditerranéenne est un modèle alimentaire traditionnel des pays du pourtour méditerranéen, classé au patrimoine culturel immatériel de l'UNESCO. Elle est riche en légumes, fruits, légumineuses, céréales complètes, huile d'olive, poissons et fruits de mer, avec une consommation modérée de viande rouge et de produits laitiers. De nombreuses études lui attribuent une réduction du risque cardiovasculaire, du diabète de type 2, de certains cancers et de maladies neurodégénératives.

Q379. Qu'est-ce que le végétalisme et comment assurer ses apports nutritionnels ?

▶ Le végétalisme (ou véganisme alimentaire) exclut tout produit d'origine animale (viandes, poissons, œufs, produits laitiers, miel). Les points de vigilance nutritionnelle sont : la vitamine B12 (supplémentation obligatoire), les protéines complètes (complémentarité légumineuses/céréales), le calcium (légumes verts, eaux minérales), le fer non héminique (avec vitamine C pour optimiser l'absorption), les oméga-3 (huile de lin, graines de chia, algues), la vitamine D et le zinc. Une planification diététique rigoureuse permet de couvrir tous les besoins.

Q380. Qu'est-ce que le score PRAL et comment évaluer l'acidité des aliments ?

▶ Le score PRAL (Potential Renal Acid Load) mesure la charge acide potentielle d'un aliment sur les reins. Les aliments formateurs d'acide (score positif élevé) sont les viandes, fromages, céréales raffinées et poissons. Les aliments alcalinisants (score négatif) sont les fruits, légumes, légumineuses et eaux minérales bicarbonatées. Une alimentation trop acide peut favoriser à long terme la perte osseuse et la fatigue rénale. L'équilibre acido-basique est maintenu par une alimentation variée riche en végétaux.

Q381. **Qu'est-ce que la sécurité sanitaire des aliments en France et qui la contrôle ?**

▶ La sécurité sanitaire des aliments en France est assurée par l'ANSES (Agence nationale de sécurité sanitaire de l'alimentation, de l'environnement et du travail) pour l'évaluation des risques, et par la DGAL (Direction générale de l'alimentation) et la DGCCRF (Direction générale de la concurrence, de la consommation et de la répression des fraudes) pour les contrôles. Le système RASFF (Rapid Alert System for Food and Feed) permet les alertes alimentaires rapides à l'échelle européenne.

Q382. **Qu'est-ce que les additifs alimentaires et comment les repérer sur les étiquettes ?**

▶ Les additifs alimentaires sont des substances ajoutées aux aliments pour des raisons technologiques : conservation (E200-E299), coloration (E100-E199), émulsification (E400-E499), édulcoration (E900-E999). Ils sont identifiés par un code E sur les étiquettes et sont tous évalués par l'EFSA (Autorité européenne de sécurité des aliments) avant autorisation. Certains colorants azoïques (E102, E110, E122...) sont associés à des effets sur l'activité et l'attention des enfants et portent une mention d'avertissement.

Q383. **Qu'est-ce que l'alimentation intuitive et comment la mettre en pratique ?**

▶ L'alimentation intuitive est une approche développée par les diététiciennes Evelyn Tribole et Elyse Resch visant à reconnecter l'individu à ses signaux biologiques de faim et de satiété, en abandonnant les régimes restrictifs et le contrôle mental des aliments. Elle repose sur 10 principes : rejeter la mentalité des régimes, honorer sa faim, faire la paix avec les aliments, respecter ses émotions sans utiliser la nourriture pour les réguler, respecter son corps et bouger par plaisir.

Q384. **Quels sont les besoins nutritionnels spécifiques des personnes âgées ?**

► Les personnes âgées ont des besoins protéiques augmentés (1,2 à 1,5 g/kg/j contre 0,8 g pour l'adulte) pour lutter contre la sarcopénie (fonte musculaire). Leurs besoins en calcium (1200 mg/j) et en vitamine D sont accrus pour prévenir l'ostéoporose et les chutes. L'hydratation est critique car la sensation de soif diminue avec l'âge. Les apports en fibres maintiennent le transit. La dénutrition est un problème fréquent et sous-estimé chez les personnes âgées hospitalisées ou en EHPAD.

Q385. **Qu'est-ce que l'intoxication alimentaire aux champignons et comment réagir ?**

► Les intoxications aux champignons sont une urgence toxicologique sérieuse car certaines espèces toxiques ressemblent à des champignons comestibles (amanite phalloïde ressemblant à la girolle). L'amanite phalloïde est responsable de 90 % des décès par intoxication aux champignons, sa toxine (amatoxine) détruisant le foie. En cas de symptômes digestifs après ingestion de champignons cueillis (nausées, vomissements, diarrhées), appeler immédiatement le 15 ou le centre antipoison. Ne jamais consommer un champignon si l'on n'est pas absolument certain de son identification.

Q386. **Qu'est-ce que la nutrigénomique et en quoi diffère-t-elle de la nutrition classique ?**

► La nutrigénomique est une science émergente qui étudie les interactions entre les nutriments et le génome humain. Elle cherche à comprendre comment les composés alimentaires influencent l'expression des gènes et comment les variations génétiques individuelles (polymorphismes) affectent la réponse de l'organisme aux aliments. À terme, elle vise une nutrition personnalisée basée sur le profil génétique de chaque individu. Elle diffère de la nutrition classique qui formule des recommandations générales valables pour la population.

Q387. Qu'est-ce que l'obésité morbide et quelles interventions chirurgicales sont possibles ?

▶ L'obésité morbide est définie par un IMC supérieur à 40 kg/m² (ou supérieur à 35 avec comorbidités graves). Lorsque les traitements médicaux ont échoué, la chirurgie bariatrique peut être envisagée : la sleeve gastrectomie (ablation d'une partie de l'estomac), le bypass gastrique (dérivation intestinale) ou la pose d'anneau gastrique (moins pratiquée). Ces interventions permettent des pertes de poids importantes et une rémission du diabète de type 2 dans 80 % des cas, mais nécessitent un suivi nutritionnel à vie.

Q388. Qu'est-ce que les aliments ultra-transformés et pourquoi sont-ils problématiques ?

▶ Les aliments ultra-transformés (classés NOVA 4) sont des formulations industrielles contenant de nombreux additifs, arômes artificiels, stabilisants et ingrédients qui n'existent pas dans une cuisine ordinaire. Exemples : nuggets, chips, sodas, biscuits industriels, plats cuisinés. Des études épidémiologiques de grande ampleur associent leur consommation excessive à un risque accru de cancer, de maladies cardiovasculaires, d'obésité et de dépression. Ils représentent déjà plus de 30 % de la ration énergétique quotidienne des Français.

Q389. Qu'est-ce que la lactose et les différentes formes d'intolérance ?

▶ Le lactose est le sucre naturellement présent dans le lait et les produits laitiers. L'intolérance au lactose est due à une production insuffisante ou nulle de lactase (enzyme digestive) par la muqueuse intestinale, entraînant une fermentation du lactose par les bactéries coliques et provoquant des ballonnements, des douleurs abdominales et des diarrhées. Elle est très répandue dans les populations asiatiques et africaines (90 %). Elle se distingue de l'allergie aux protéines de lait de vache (APLV), réaction immunitaire.

Q390. Qu'est-ce que la dénutrition et comment la dépister ?

▶ La dénutrition est un état pathologique résultant d'un apport insuffisant de protéines et d'énergie par rapport aux besoins de l'organisme. Elle se dépiste par la mesure du poids, du calcul de l'IMC (inférieur à 18,5 chez l'adulte), de la perte de poids récente (supérieure à 5 % en 1 mois ou 10 % en 6 mois) et du dosage de l'albumine sérique. Elle est fréquente chez les personnes âgées, les malades chroniques et les patients hospitalisés. Le dépistage systématique utilise les outils MNA (personnes âgées) ou NRS-2002.

Q391. Qu'est-ce que le sel et quels en sont les effets d'une consommation excessive ?

▶ Le sel (chlorure de sodium) est indispensable à la vie car il régule l'équilibre hydrique, la pression osmotique et la transmission nerveuse. Cependant, une consommation excessive (supérieure à 5 g/j selon l'OMS) est associée à l'hypertension artérielle, l'augmentation du risque cardiovasculaire, les maladies rénales, l'ostéoporose (le sodium favorise l'excrétion urinaire du calcium) et le cancer gastrique. En France, la consommation moyenne est d'environ 9 g/j, le pain et les charcuteries en étant les principales sources cachées.

Q392. Qu'est-ce que le grignotage et comment limiter ses effets néfastes ?

▶ Le grignotage désigne la consommation d'aliments entre les repas, le plus souvent des aliments hypercaloriques, sucrés ou salés, sans ressentir de faim physiologique mais sous l'effet de l'ennui, du stress ou de la disponibilité de la nourriture. Il déséquilibre l'alimentation, perturbe les signaux de faim/satiété et favorise la prise de poids. Pour le limiter : structurer ses repas à horaires fixes, identifier les déclencheurs émotionnels, avoir des collations saines préparées, boire de l'eau et pratiquer une activité pour dériver l'envie de manger.

Q393. Qu'est-ce que l'anorexie masculine et pourquoi est-elle souvent méconnue ?

▶ L'anorexie masculine représente environ 10 % des cas d'anorexie mentale et reste largement méconnue et sous-diagnostiquée car les troubles des conduites alimentaires (TCA) sont culturellement perçus comme des maladies féminines. Les garçons concernés ont souvent un profil plus athlétique, centré sur la dysmorphophobie musculaire (bigorexie inversée) et le contrôle du poids pour des raisons sportives. La prise en charge est identique (thérapie cognitive, renutrition, soutien familial) mais le délai diagnostique est souvent plus long.

Q394. Qu'est-ce que la méthode HACCP et comment s'applique-t-elle en restauration collective ?

▶ HACCP (Hazard Analysis Critical Control Points / Analyse des dangers et maîtrise des points critiques) est une méthode préventive de maîtrise de la sécurité alimentaire obligatoire dans tous les établissements de restauration collective. Elle repose sur 7 principes : analyse des dangers biologiques, chimiques et physiques, identification des points critiques de contrôle (CCP), établissement de limites critiques, surveillance des CCP, actions correctives, vérification du système et documentation. Les températures de conservation, la cuisson et l'hygiène du personnel sont les principaux CCP.

Q395. Qu'est-ce que la prévention tertiaire dans le milieu du travail ?

▶ La prévention tertiaire en milieu professionnel vise à limiter les conséquences d'une maladie ou d'un accident du travail déjà survenu, en favorisant la récupération fonctionnelle, la réinsertion professionnelle et la qualité de vie au travail malgré un handicap ou une maladie chronique. Elle comprend la réadaptation professionnelle, l'aménagement du poste de travail, les mi-temps thérapeutiques, les formations de reconversion et le soutien psychologique. Elle complète la prévention primaire (éviter) et secondaire (détecter tôt).

Q396. Qu'est-ce que le Document Unique d'Évaluation des Risques Professionnels (DUERP) et qui doit le rédiger ?

▶ Le DUERP est un document obligatoire pour tout employeur dès le premier salarié, qui recense l'ensemble des risques professionnels identifiés dans chaque unité de travail de l'entreprise et les mesures de prévention associées. Il doit être mis à jour chaque année, lors de toute modification importante des conditions de travail et après tout accident du travail. Il est accessible aux salariés, aux représentants du personnel, à la médecine du travail et à l'inspection du travail.

Q397. Qu'est-ce que le stress oxydatif professionnel et comment s'en protéger ?

▶ Le stress oxydatif professionnel désigne les dommages causés sur les cellules par les radicaux libres produits en excès lors d'expositions à des substances chimiques, aux rayonnements ionisants, à la pollution atmosphérique ou au tabac passif. Ces dommages contribuent au vieillissement cellulaire prématuré, aux cancers professionnels et aux maladies cardiovasculaires. La protection repose sur l'identification et la réduction de l'exposition aux sources (EPC puis EPI), une alimentation riche en antioxydants et une surveillance médicale renforcée.

Q398. Qu'est-ce que la signalétique de sécurité au travail et comment la lire ?

▶ La signalétique de sécurité au travail comprend quatre catégories normalisées : les panneaux d'interdiction (fond blanc, cercle rouge, barre de refus), les panneaux d'avertissement (triangle jaune, pictogramme noir), les panneaux d'obligation (fond bleu, pictogramme blanc) et les panneaux d'information d'urgence et de sauvetage (fond vert, pictogramme blanc). Cette signalétique doit être installée et maintenue en bon état de visibilité par l'employeur aux endroits appropriés.

Q399. Qu'est-ce que l'ergonomie cognitive au travail et pourquoi est-elle importante ?

▶ L'ergonomie cognitive étudie les processus mentaux impliqués dans le travail : charge mentale, attention, mémoire, prise de décision, gestion de l'information et facteurs humains dans les erreurs. Elle vise à adapter les systèmes, interfaces et organisations de travail aux capacités cognitives humaines pour réduire les erreurs, la fatigue mentale et les accidents. Elle est particulièrement importante dans les domaines de l'aéronautique, de la médecine, du contrôle industriel et du travail sur écran.

Q400. **Qu'est-ce que le syndrome d'épuisement professionnel (burnout) et ses 3 dimensions ?**

▶ Le burnout, ou syndrome d'épuisement professionnel, est défini par trois dimensions selon le modèle de Maslach : l'épuisement émotionnel (sentiment d'être vidé, débordé, incapable de récupérer), la dépersonnalisation ou cynisme (détachement émotionnel, déshumanisation des relations professionnelles) et la réduction du sentiment d'accomplissement personnel (sentiment de ne plus être efficace, de manquer de compétences). Il est désormais reconnu comme un problème de santé au travail par l'OMS dans la CIM-11.

Q401. **Qu'est-ce que la responsabilité civile professionnelle et quand s'applique-t-elle ?**

▶ La responsabilité civile professionnelle est engagée lorsqu'un professionnel, dans l'exercice de son activité, cause un dommage à un tiers (client, partenaire, usager) par négligence, erreur ou omission. Elle oblige le responsable à réparer le préjudice causé (indemnisation financière). Elle est distincte de la responsabilité pénale et de la responsabilité disciplinaire. La souscription d'une assurance responsabilité civile professionnelle est obligatoire dans de nombreuses professions réglementées (médecins, avocats, architectes).

Q402. **Qu'est-ce que la pénibilité au travail et le Compte Professionnel de Prévention (C2P) ?**

▶ La pénibilité au travail désigne l'exposition à des facteurs de risques professionnels pouvant laisser des traces durables, identifiables et irréversibles sur la santé. Le C2P recense 6 facteurs : les activités exercées en milieu hyperbare, les températures extrêmes, le bruit, le travail de nuit, le travail en équipes successives alternantes et le travail répétitif. L'exposition dépasse des seuils définis pour ouvrir des droits : points utilisables pour financer une formation, passer à temps partiel ou partir plus tôt à la retraite.

Q403. **Qu'est-ce que le travail en espace confiné et quelles précautions s'imposent ?**

▶ Un espace confiné est un espace fermé ou partiellement fermé, non conçu pour l'occupation humaine continue, présentant des risques d'accumulation de gaz toxiques, d'appauvrissement en oxygène, d'explosion ou d'engorgement. Des exemples : cuves, silos, tunnels, égouts, citernes. Les précautions obligatoires incluent un permis de pénétration, une analyse atmosphérique avant entrée, une ventilation adaptée, la présence d'un surveillant extérieur, des équipements de protection adaptés et un plan de sauvetage défini.

Q404. **Qu'est-ce que le risque biologique professionnel et qui est exposé ?**

▶ Le risque biologique professionnel désigne l'exposition à des agents biologiques (micro-organismes, toxines, parasites, virus) pouvant provoquer des infections, des allergies ou des intoxications. Sont particulièrement exposés : le personnel soignant (infections nosocomiales, VIH, hépatites), les laboratoires de recherche, les travailleurs agricoles (leptospirose, maladie de Lyme), les égoutiers et les professionnels de la collecte des déchets. La prévention repose sur les EPI adaptés, la vaccination, les procédures d'hygiène strictes et la traçabilité des expositions.

Q405. **Qu'est-ce que la responsabilité de l'employeur en matière de sécurité ?**

▶ L'employeur est soumis à une obligation générale de sécurité de résultat envers ses salariés, issue du Code du travail (article L4121-1). Il doit prendre les mesures nécessaires pour assurer la sécurité et protéger la santé physique et mentale de ses travailleurs. En cas d'accident du travail, si une faute inexcusable de l'employeur est reconnue (manquement à cette obligation alors qu'il avait ou aurait dû avoir conscience du danger), la victime peut obtenir une majoration de rente et une indemnisation intégrale de ses préjudices.

Q406. **Qu'est-ce que la manutention manuelle de charges et comment prévenir les accidents ?**

▶ La manutention manuelle de charges désigne toute opération de transport, déplacement, levage ou maintien d'une charge réalisée par les efforts physiques d'un ou plusieurs travailleurs. Elle représente la première cause de maladies professionnelles en France (TMS, lumbago, hernies discales). La prévention repose sur l'analyse des postes, la formation aux gestes et postures, la mécanisation des manutentions lourdes, les aides techniques (chariots, lève-personnes) et le respect des poids limites réglementaires.

Q407. **Qu'est-ce que le risque électrique et quelles sont les habilitations nécessaires ?**

▶ Le risque électrique est le danger lié à l'exposition à un courant électrique (électrocution, brûlures, chutes par réaction musculaire). Les travaux ou interventions sur ou à proximité d'installations électriques sont réglementés par la norme NF C 18-510. Des habilitations électriques sont nécessaires selon les tâches (B0, H0 pour les non-électriciens non exposés ; B1, B2, BR, BC... pour les électriciens). Ces habilitations sont délivrées après formation et évaluation par l'employeur, et renouvelées régulièrement.

Q408. **Qu'est-ce que l'amiante et pourquoi est-elle toujours un enjeu majeur de santé au travail ?**

▶ L'amiante est un minéral naturel fibreux interdit en France depuis 1997 en raison de sa dangerosité. Ses fibres microscopiques, lorsqu'elles sont inhalées, se déposent définitivement dans les poumons et peuvent provoquer, après une longue latence (20 à 40 ans), des pathologies graves : amiantose (fibrose pulmonaire), mésothéliome (cancer de la plèvre), cancer broncho-pulmonaire. Des millions de travailleurs ont été exposés avant l'interdiction. La réglementation impose un diagnostic amiante dans tous les immeubles construits avant 1997.

Q409. Qu'est-ce que les vibrations au travail et quels sont leurs effets sur la santé ?

▶ L'exposition professionnelle aux vibrations mécaniques peut être transmises aux mains et aux bras (travail avec des outils vibrants : perceuse, meuleuse, marteau-piqueur) ou au corps entier (conduite d'engins, travail sur des véhicules). Les effets sur la santé incluent : le syndrome des doigts blancs (phénomène de Raynaud) et les neuropathies des membres supérieurs pour les vibrations mains-bras, et les lombalgies chroniques et hernies discales pour les vibrations corps entier. Des valeurs limites d'exposition réglementaires s'appliquent.

Q410. Qu'est-ce que la médiation au travail et quand y recourir ?

▶ La médiation au travail est un processus volontaire et confidentiel dans lequel un médiateur neutre et impartial (interne ou externe à l'entreprise) aide les parties en conflit à trouver elles-mêmes une solution mutuellement satisfaisante. Elle est particulièrement adaptée aux conflits interpersonnels (tensions entre collègues, conflits hiérarchiques), aux situations de harcèlement avérées ou supposées et aux ruptures de communication. Elle peut être proposée par les RH, les représentants du personnel, le médecin du travail ou le CSE.

Q411. Qu'est-ce que le bien-être au travail et comment les entreprises le mesurent-elles ?

▶ Le bien-être au travail est un état de satisfaction globale résultant d'un équilibre entre les exigences du travail et les ressources disponibles pour y faire face : clarté des objectifs, autonomie, reconnaissance, ambiance, sens du travail et conditions physiques. Les entreprises le mesurent par des enquêtes d'engagement (Great Place to Work), des baromètres sociaux internes, l'analyse de l'absentéisme, du taux de turnover et des indicateurs RH. L'index QVCT est un outil de diagnostic recommandé par l'INRS.

Q412. Qu'est-ce que la pluri-activité et les risques professionnels spécifiques aux travailleurs précaires ?

▶ La pluri-activité désigne le cumul de plusieurs emplois ou statuts professionnels. Les travailleurs précaires (CDD, intérimaires, auto-entrepreneurs, saisonniers) sont plus exposés aux risques professionnels car ils sont souvent affectés aux tâches les plus pénibles, moins formés à la sécurité, moins informés de leurs droits et plus vulnérables psychologiquement. Leur taux d'accidents du travail est significativement plus élevé. La réglementation impose à l'entreprise utilisatrice d'assurer la même protection aux intérimaires qu'aux CDI.

Q413. Qu'est-ce que la visite médicale de reprise du travail et quand est-elle obligatoire ?

▶ La visite médicale de reprise est une visite médicale auprès du médecin du travail obligatoire après : un arrêt de travail de plus de 30 jours pour maladie ou accident non professionnel, un arrêt pour maladie professionnelle ou accident du travail quelle que soit sa durée, et un congé maternité. Elle doit avoir lieu dans les 8 jours suivant la reprise. Le médecin du travail évalue l'aptitude du salarié à reprendre son poste et peut préconiser des aménagements (mi-temps thérapeutique, poste adapté).

Q414. Qu'est-ce que la sous-traitance et quelles obligations s'imposent en matière de sécurité ?

▶ La sous-traitance consiste pour une entreprise (donneur d'ordre) à confier tout ou partie d'une activité à une autre entreprise extérieure. En matière de sécurité, le Code du travail impose au donneur d'ordre et au chef de l'entreprise extérieure d'établir un plan de prévention avant tout chantier ou intervention. Ce plan analyse les risques résultant de l'interférence des activités et définit les mesures de prévention coordonnées. Pour les chantiers BTP importants, un Coordinateur Sécurité et Protection de la Santé (CSPS) est obligatoire.

Q415. Qu'est-ce que la chute de hauteur et comment la prévenir sur un chantier ?

▶ La chute de hauteur est la première cause de décès par accident du travail en France, particulièrement dans le secteur BTP. La prévention repose sur la hiérarchie des mesures : éliminer le risque (conception sans travaux en hauteur), protéger collectivement (garde-corps, filets de sécurité, plateformes), former les travailleurs et n'utiliser les EPI (harnais, longes) qu'en complément et non à la place des protections collectives. Le Plan de Prévention et le PPSPS (Plan Particulier de Sécurité et de Protection de la Santé) doivent traiter ce risque.

Q416. **Qu'est-ce que la sobriété numérique et pourquoi est-elle nécessaire ?**

▶ La sobriété numérique est une démarche visant à réduire l'empreinte environnementale du numérique, qui représente déjà 4 % des émissions mondiales de CO2 et dont l'impact augmente. Elle implique d'allonger la durée de vie des équipements (principal levier), de réduire le streaming vidéo (70 % du trafic internet), de privilégier le Wi-Fi à la 4G/5G et de choisir des centres de données alimentés en énergies renouvelables. L'ADEME recommande de garder ses appareils plus de 7 ans et de recourir au reconditionnement.

Q417. **Qu'est-ce que la loi AGEC (Anti-Gaspillage pour une Économie Circulaire) et ses principales mesures ?**

▶ La loi AGEC du 10 février 2020 vise à transformer le modèle économique français vers la circularité. Ses principales mesures sont : l'interdiction progressive des plastiques à usage unique (couverts, pailles, assiettes en plastique depuis 2021), l'obligation de l'indice de réparabilité sur les appareils électroniques, la lutte contre l'obsolescence programmée, l'extension de la garantie légale de conformité, le développement du vrac et de la consigne pour réemploi, et la lutte contre la destruction des invendus non alimentaires.

Q418. **Qu'est-ce que la convention citoyenne pour le climat et quel a été son impact ?**

▶ La Convention Citoyenne pour le Climat (CCC) est un processus délibératif inédit, réunissant 150 citoyens tirés au sort entre 2019 et 2020, chargés de proposer des mesures pour réduire les émissions de

CO_2 de la France d'au moins 40 % d'ici 2030 dans un esprit de justice sociale. Ses 149 propositions ont partiellement inspiré la loi Climat et Résilience d'août 2021, bien que des organisations environnementales aient critiqué la dilution de certaines mesures phares lors de la transposition législative.

Q419. Qu'est-ce que la zone à faibles émissions (ZFE) et comment fonctionne-t-elle ?

▶ Une Zone à Faibles Émissions (ZFE) est une zone géographique dans laquelle la circulation des véhicules les plus polluants est restreinte ou interdite selon leur vignette Crit'Air (classant les véhicules de 0 à 5 selon leurs émissions). Cette mesure, issue de la loi d'orientation des mobilités (LOM) de 2019, est obligatoire dans les agglomérations de plus de 150 000 habitants dépassant régulièrement les seuils européens de pollution de l'air. Elle vise à améliorer la qualité de l'air et à réduire les maladies respiratoires.

Q420. Qu'est-ce que la pollution lumineuse et quels en sont les effets ?

▶ La pollution lumineuse est l'altération de l'environnement nocturne naturel par les lumières artificielles (éclairages urbains, publicités, vitrines, logistique nocturne). Elle perturbe les cycles biologiques de nombreuses espèces (insectes, oiseaux migrateurs, tortues marines, chauves-souris) en modifiant leurs rythmes circadiens, leurs comportements reproductifs et leurs migrations. Chez l'humain, elle perturbe le sommeil et est associée à des risques accrus de cancers hormono-dépendants. La sobriété lumineuse (extinction nocturne des publicités et commerces) réduit aussi la consommation d'énergie.

Q421. Qu'est-ce que la trame verte et bleue et quel est son rôle ?

▶ La Trame Verte et Bleue (TVB) est un outil d'aménagement du territoire visant à maintenir et restaurer les continuités écologiques (corridors biologiques) permettant aux espèces animales et végétales de circuler, se nourrir et se reproduire. Elle est composée des réservoirs de biodiversité (espaces naturels protégés) et des corridors qui les relient (haies, cours d'eau, prairies). Instituée par les lois Grenelle (2007-2010), elle est intégrée dans les SRCE (Schémas Régionaux de Cohérence Écologique).

Q422. **Qu'est-ce que le plan national de gestion des déchets en France ?**

▶ La France gère ses déchets selon une hiérarchie réglementaire européenne : prévention (réduire la production à la source), réutilisation, recyclage, valorisation énergétique (incinération avec récupération d'énergie) et enfin stockage en décharge (Centre de Stockage de Déchets Non Dangereux - CSDND). En 2022, la France a recyclé environ 43 % de ses déchets municipaux, encore loin de l'objectif européen de 55 % en 2025. Les REP (Responsabilité Élargie du Producteur) obligent les fabricants à financer la fin de vie de leurs produits.

Q423. **Qu'est-ce que le bilan carbone d'une entreprise et comment est-il calculé ?**

▶ Le bilan carbone est une méthode de comptabilisation des émissions de gaz à effet de serre d'une organisation, développée par l'ADEME. Il couvre trois scopes : Scope 1 (émissions directes : chaudières, véhicules de flotte propre), Scope 2 (émissions indirectes liées à l'énergie achetée : électricité, chaleur) et Scope 3 (autres émissions indirectes : achats de biens et services, déplacements des salariés, fin de vie des produits). Les entreprises de plus de 500 salariés en France ont l'obligation de publier leur bilan GES tous les 4 ans.

Q424. **Qu'est-ce que la géothermie et quels en sont les avantages ?**

▶ La géothermie est l'exploitation de la chaleur interne de la Terre pour produire de la chaleur (chauffage) ou de l'électricité. La géothermie de surface (pompes à chaleur géothermiques) utilise la chaleur stable du sous-sol proche (10-15°C) pour chauffer les bâtiments. La géothermie profonde exploite des réservoirs d'eau chaude ou de vapeur à grande profondeur pour produire de l'électricité (Islande, Guadeloupe). Ses avantages sont : énergie renouvelable, production continue (non intermittente), faible empreinte carbone et disponibilité locale.

Q425. Qu'est-ce que la reforestation et quelles espèces choisir en France ?

▶ La reforestation est la plantation ou la régénération naturelle assistée de forêts sur des terrains déboisés, visant à stocker du carbone, restaurer la biodiversité et prévenir l'érosion des sols. En France, le plan de reforestation vise à planter 50 millions d'arbres d'ici 2030 pour adapter les forêts au changement climatique. Le choix des espèces est crucial : on privilégie les essences locales adaptées aux conditions locales futures (chêne pubescent, pins maritimes, cèdres pour les zones méridionales) plutôt que des monocultures de conifères à croissance rapide.

Q426. Qu'est-ce que la phytorémédiation et comment est-elle utilisée ?

▶ La phytorémédiation est une technique de dépollution qui utilise des plantes et les micro-organismes associés à leurs racines pour absorber, dégrader ou immobiliser les polluants présents dans les sols, les eaux souterraines ou l'atmosphère. Des plantes hyperaccumulatrices comme la moutarde indienne ou l'arabette de Haller peuvent absorber des métaux lourds (plomb, cadmium, zinc, nickel). C'est une technique écologique, peu coûteuse mais lente (plusieurs années à décennies), utilisée sur des sols peu profondément pollués.

Q427. Qu'est-ce que le principe de précaution et comment s'applique-t-il en France ?

▶ Le principe de précaution est inscrit dans la Constitution française depuis 2005 (Charte de l'environnement). Il prévoit que l'absence de certitude scientifique ne doit pas être utilisée comme prétexte pour retarder l'adoption de mesures effectives et proportionnées visant à prévenir un risque de dommages graves et irréversibles pour l'environnement. Il s'applique dans les décisions publiques relatives aux nanotechnologies, aux OGM, aux ondes électromagnétiques ou aux perturbateurs endocriniens, face à des incertitudes scientifiques persistantes.

Q428. **Qu'est-ce que l'acidification des océans et pourquoi est-elle préoccupante ?**

▶ L'acidification des océans est la diminution du pH marin due à l'absorption par les océans d'environ 30 % du CO_2 émis par les activités humaines. Depuis le début de l'ère industrielle, le pH moyen des océans a baissé de 8,2 à 8,1, soit une acidité multipliée par 1,26. Cette acidification dissout les coquilles calcaires des mollusques, coraux et plancton, perturbant des écosystèmes entiers et affectant des millions de personnes vivant de la pêche et de l'aquaculture. Elle est irréversible à l'échelle humaine si les émissions de CO_2 ne sont pas stoppées.

Q429. **Qu'est-ce que la permaculture et ses grands principes ?**

▶ La permaculture est un système de conception agricole, architecturale et sociale inspiré des écosystèmes naturels, développé par Bill Mollison et David Holmgren dans les années 1970. Ses 3 éthiques fondatrices sont : prendre soin de la Terre, prendre soin des personnes et partager équitablement. Ses principes pratiques incluent l'observation avant d'agir, l'utilisation des ressources renouvelables, la production sans gaspillage, l'intégration des fonctions (chaque élément remplit plusieurs fonctions), la valorisation des lisières et l'utilisation créative du changement.

Q430. **Qu'est-ce que la loi Montagne et la loi Littoral et que protègent-elles ?**

▶ La loi Montagne (1985) protège les zones de montagne en encadrant strictement l'urbanisation (continuité avec l'existant) pour préserver les paysages, les terres agricoles et les espaces naturels montagnards. La loi Littoral (1986) interdit la construction sur les 100 premiers mètres du rivage (bande côtière des 100 mètres), réserve une bande non aedificandi, interdit les campings sur les rives et protège les espaces remarquables (dunes, forêts côtières, zones humides). Ces deux lois fondamentales encadrent l'aménagement dans des zones écologiquement sensibles.

Q431. Qu'est-ce que la biomasse et comment est-elle valorisée énergétiquement ?

▶ La biomasse désigne l'ensemble des matières organiques d'origine biologique (bois, résidus agricoles, déchets organiques, cultures énergétiques). Elle peut être valorisée énergétiquement par combustion directe (chauffage au bois, granulés de bois/pellets), par méthanisation (production de biogaz à partir de déchets organiques) et par gazéification ou pyrolyse (conversion en biocarburants ou biogaz). En France, la biomasse représente 40 % de la production d'énergies renouvelables. Sa durabilité dépend d'une gestion forestière responsable.

Q432. Qu'est-ce que l'érosion des sols et quelles en sont les conséquences agricoles ?

▶ L'érosion des sols est la disparition progressive de la couche superficielle fertile du sol sous l'action de l'eau (ruissellement), du vent, des pratiques agricoles inadaptées (labour profond, monoculture, sol nu en hiver) et de l'imperméabilisation urbaine. Elle représente un défi mondial majeur : 33 % des sols mondiaux sont dégradés selon la FAO. Conséquences : perte de fertilité, diminution des rendements agricoles, pollution des cours d'eau par les sédiments et les intrants, inondations aggravées. La solution passe par les couverts végétaux, l'agroforesterie et l'agriculture de conservation.

Q433. Qu'est-ce que la mobilité douce et quels sont ses bénéfices pour la santé et l'environnement ?

▶ La mobilité douce désigne les modes de déplacement non motorisés ou à faibles émissions : marche à pied, vélo, trottinette, rollers, vélos électriques. Elle présente des bénéfices multiples : réduction des émissions de CO2 et de la pollution atmosphérique, décongestion urbaine, amélioration de la santé publique (activité physique régulière intégrée à la vie quotidienne), réduction des nuisances sonores et économies pour les ménages. Le plan vélo du gouvernement vise 9 % des déplacements effectués à vélo en France d'ici 2024 (contre 3 % actuellement).

Q434. **Qu'est-ce que la résilience territoriale face aux risques naturels ?**

▶ La résilience territoriale est la capacité d'un territoire à anticiper, absorber, s'adapter et se remettre rapidement d'un choc ou d'une perturbation (inondation, sécheresse, tempête, incendie). Elle repose sur : une cartographie précise des risques (PPRI, PPRL), l'éducation et la préparation des populations (réserve communale de sécurité civile, journée nationale de la résilience), la préservation des zones humides tampon, la gestion durable des forêts et des zones côtières et la planification urbaine excluant les zones les plus exposées.

Q435. **Qu'est-ce que l'agriculture biologique et en quoi diffère-t-elle de l'agriculture conventionnelle ?**

▶ L'agriculture biologique (AB) est un mode de production agricole réglementé excluant les pesticides de synthèse, les engrais minéraux de synthèse, les organismes génétiquement modifiés (OGM) et l'utilisation préventive d'antibiotiques. Elle favorise les équilibres naturels, la rotation des cultures, les organismes auxiliaires et la diversité génétique. Elle est certifiée par le logo européen (feuille étoilée verte) après conversion de 2 à 3 ans. Sa part dans la SAU (surface agricole utilisée) française est d'environ 10 % et son marché est en fort développement.

Q436. **Qu'est-ce que l'aide juridictionnelle et qui peut en bénéficier ?**

▶ L'aide juridictionnelle est un dispositif permettant aux personnes aux ressources insuffisantes de bénéficier d'une prise en charge totale ou partielle par l'État de leurs frais de justice (honoraires d'avocat, frais d'huissier, d'expertise). Les seuils de ressources sont révisés annuellement. Elle couvre toutes les procédures judiciaires (civile, pénale, administrative, prud'homale). La demande se fait auprès du bureau d'aide juridictionnelle du tribunal. Elle garantit l'accès au droit pour tous, indépendamment des ressources financières.

Q437. **Qu'est-ce que la protection des données personnelles et le RGPD ?**

▶ Le Règlement Général sur la Protection des Données (RGPD), entré en vigueur en mai 2018, est le texte de référence européen encadrant le traitement des données personnelles. Il consacre plusieurs droits fondamentaux pour les individus : droit d'accès, droit de rectification, droit à l'effacement (droit à l'oubli), droit à la portabilité, droit d'opposition et droit de ne pas faire l'objet d'une décision automatisée. En France, la CNIL (Commission Nationale de l'Informatique et des Libertés) veille à son application et peut sanctionner les entreprises contrevenantes.

Q438. **Qu'est-ce que la fraternité dans la Constitution française et comment s'exprime-t-elle ?**

▶ La fraternité est la troisième valeur de la devise républicaine Liberté, Égalité, Fraternité. Longtemps considérée comme un principe moral plutôt que juridique, le Conseil constitutionnel a reconnu en 2018 que la fraternité est bien un principe à valeur constitutionnelle. Concrètement, elle s'exprime dans les dispositifs de solidarité nationale (Sécurité sociale, RSA, aide sociale), le bénévolat associatif, le service civique, et dans la protection constitutionnelle de l'aide désintéressée apportée aux étrangers en situation irrégulière.

Q439. **Qu'est-ce que l'ombudsman ou le Défenseur des droits et quel est son rôle ?**

▶ Le Défenseur des droits est une autorité administrative indépendante inscrite dans la Constitution depuis 2011. Nommé par le Président de la République, il est chargé de défendre les droits et libertés des personnes dans leurs relations avec les administrations publiques, de protéger les personnes victimes de discriminations, de défendre les droits des enfants et de veiller à la déontologie des forces de l'ordre. Toute personne s'estimant lésée peut le saisir gratuitement. Il a aussi un rôle de recommandation et d'alerte auprès du Parlement.

Q440. **Qu'est-ce que la protection de l'enfance en France et qui intervient ?**

▶ La protection de l'enfance est un dispositif légal visant à prévenir et remédier aux situations de danger ou de risque de danger pour les mineurs. Les acteurs sont nombreux : la cellule de recueil des informations préoccupantes (CRIP) du Conseil Départemental traite les signalements, le juge des enfants ordonne les mesures de protection (assistance éducative à domicile, placement en famille d'accueil ou établissement), les travailleurs sociaux assurent le suivi et le numéro national 119 (Allô Enfance en Danger) reçoit les signalements 24h/24.

Q441. **Qu'est-ce que la Convention Internationale des Droits de l'Enfant (CIDE) ?**

▶ La CIDE est un traité international adopté par l'ONU le 20 novembre 1989 et ratifié par 196 pays. Elle reconnaît des droits fondamentaux à tous les enfants jusqu'à 18 ans, regroupés en 4 principes : non-discrimination, intérêt supérieur de l'enfant, droit à la vie, à la survie et au développement, et respect de l'opinion de l'enfant. Elle couvre les droits civils et politiques (identité, liberté d'expression), économiques et sociaux (éducation, santé, protection contre le travail forcé et les violences).

Q442. **Qu'est-ce que le droit au logement opposable (DALO) et comment l'exercer ?**

▶ Le Droit Au Logement Opposable (DALO), instauré par la loi du 5 mars 2007, permet aux personnes sans logement ou dans des logements indignes, non relogées après des délais anormalement longs, de saisir une commission de médiation. Si la commission reconnaît leur priorité, l'État est tenu de les reloger dans un délai de 3 à 6 mois sous peine de recours devant le tribunal administratif qui peut condamner l'État à verser une astreinte. Il concerne les demandeurs de logement social en situation prioritaire.

Q443. **Qu'est-ce que la citoyenneté européenne et quels droits confère-t-elle ?**

▶ La citoyenneté européenne est un statut attribué automatiquement à toute personne possédant la nationalité d'un État membre de l'Union Européenne. Elle confère des droits supplémentaires à la citoyenneté nationale : le droit de circuler et de séjourner librement dans l'UE, le droit de vote et d'éligibilité aux élections municipales et européennes dans l'État de résidence, le droit à la protection consulaire dans les pays tiers, le droit de pétition au Parlement européen et le droit de recours au médiateur européen.

Q444. **Qu'est-ce que la politique de la ville et les quartiers prioritaires (QPV) ?**

▶ La politique de la ville est une action publique nationale visant à réduire les inégalités entre les quartiers défavorisés et les autres zones urbaines. Elle cible les Quartiers Prioritaires de la politique de la Ville (QPV), définis par un critère unique de concentration de ménages aux revenus très faibles (1 500 QPV en France regroupant 5,5 millions d'habitants). Les Contrats de Ville mobilisent les collectivités, l'État et les acteurs locaux autour de trois piliers : la cohésion sociale, le cadre de vie et le renouvellement urbain, et le développement économique.

Q445. **Qu'est-ce que l'économie sociale et solidaire (ESS) et comment la distinguer ?**

▶ L'ESS est un mode d'entreprendre alternatif, défini par la loi Hamon de 2014, regroupant des organisations (associations, coopératives, mutuelles, fondations et sociétés commerciales à mission) dont la lucrativité est limitée, la gouvernance démocratique (1 personne = 1 voix) et dont les bénéfices sont réinvestis dans le projet. Elle représente 10 % du PIB et 14 % de l'emploi privé français. Les secteurs d'action incluent l'action sociale, l'insertion, la finance solidaire, l'agriculture coopérative et la culture.

Q446. **Qu'est-ce que la médiation familiale et dans quels cas y recourir ?**

▶ La médiation familiale est un processus confidentiel dans lequel un médiateur familial certifié aide des membres d'une famille à trouver ensemble des solutions à leurs conflits (séparation, divorce, garde d'enfants, relations parents-enfants adultes, successions). Elle est volontaire, neutre et confidentielle. Le juge peut l'enjoindre aux parties avant de statuer sur les mesures concernant les enfants. Elle est accessible auprès des centres de médiation ou des associations de médiation, partiellement financée par la CAF.

Q447. **Qu'est-ce que le revenu universel et les expérimentations en cours ?**

▶ Le revenu universel (ou revenu de base) est une allocation versée à tous les membres d'une société, sans conditions de ressources ni d'activité, censée supprimer la pauvreté et offrir une liberté de choix. Plusieurs expérimentations ont été conduites : en Finlande (2000 personnes de 2017 à 2018), au Kenya (projet GiveDirectly), en Namibie et plus récemment dans plusieurs villes françaises (Montpellier, pour les 18-24 ans hors système). Les résultats montrent généralement une amélioration du bien-être sans réduction de l'incitation au travail.

Q448. **Qu'est-ce que la tutelle et la curatelle et à qui s'adressent-elles ?**

▶ La tutelle et la curatelle sont des mesures de protection juridique pour les personnes majeures dont les facultés mentales ou corporelles sont altérées. La curatelle (protection renforcée) accompagne la personne dans les actes importants sans la priver totalement de sa capacité juridique. La tutelle prive totalement la personne de sa capacité juridique : un tuteur agit en son nom pour tous les actes. Ces mesures sont prononcées par le juge des contentieux de la protection (ex-juge des tutelles) sur demande de la famille, du médecin ou du procureur.

Q449. **Qu'est-ce que la discrimination à l'embauche et comment la prouver ?**

▶ La discrimination à l'embauche est le fait de refuser d'embaucher une personne ou de lui proposer des conditions différentes en raison d'un critère illicite (24 critères légaux : sexe, âge, origine, religion, handicap, orientation sexuelle, grossesse...). Elle est interdite par le Code du travail et le Code pénal. Pour la prouver, la personne discriminée peut avoir recours au testing (envoi de candidatures fictives similaires révélant un traitement différencié), saisir le Défenseur des droits ou les prud'hommes. La charge de la preuve est allégée : le candidat doit présenter des éléments laissant supposer une discrimination.

Q450. Qu'est-ce que la loi informatique et libertés et la CNIL ?

▶ La loi informatique et libertés du 6 janvier 1978, fondatrice du droit français à la vie privée numérique, a créé la Commission Nationale de l'Informatique et des Libertés (CNIL). La CNIL est l'autorité de régulation française qui veille à ce que l'informatique soit au service du citoyen et ne porte pas atteinte à l'identité humaine, aux droits de l'homme, à la vie privée et aux libertés individuelles. Elle contrôle les traitements de données, répond aux plaintes des particuliers et peut prononcer des sanctions pouvant atteindre 4 % du chiffre d'affaires mondial.

Q451. Qu'est-ce que la justice restaurative et en quoi diffère-t-elle de la justice punitive ?

▶ La justice restaurative est une approche qui vise à réparer les dommages causés par une infraction en réunissant l'auteur, la victime et la communauté pour dialoguer, comprendre et convenir de mesures réparatrices. Elle est complémentaire de la justice pénale traditionnelle (punitive), et non une alternative à la peine. En France, elle est inscrite dans la loi depuis 2014 (loi Taubira). Des études montrent qu'elle réduit la récidive, favorise le rétablissement des victimes et améliore la compréhension des conséquences des actes par les auteurs.

Q452. Qu'est-ce que l'adoption simple et l'adoption plénière et quelle est leur différence ?

▶ L'adoption plénière rompt définitivement et irrévocablement les liens de filiation d'origine de l'adopté et l'intègre totalement dans sa nouvelle famille, avec les mêmes droits qu'un enfant biologique. Elle n'est possible que pour les mineurs. L'adoption simple maintient les liens avec la famille d'origine et crée des liens filiaux supplémentaires avec la famille adoptive. Elle est possible pour les mineurs et les majeurs. Depuis la loi du 21 février 2022, l'âge minimum des adoptants est uniformisé à 26 ans et les couples pacsés peuvent adopter.

Q453. Qu'est-ce que le divorce par consentement mutuel et comment se déroule-t-il ?

▶ Depuis la réforme de 2017, le divorce par consentement mutuel (DCM) est déjudiciarisé : il n'est plus nécessaire de passer devant un juge si les deux époux sont d'accord sur la rupture et ses conséquences (partage des biens, garde des enfants, prestation compensatoire). Chaque époux doit avoir son propre avocat. La convention de divorce, rédigée et signée par les deux avocats et les époux, est déposée chez un notaire qui lui confère force exécutoire. La procédure dure généralement de 3 à 6 mois.

Q454. Qu'est-ce que la désobéissance civile et quand est-elle légitimée ?

▶ La désobéissance civile est le refus délibéré, public, non violent et assumé de se conformer à une loi ou une décision jugée profondément injuste, dans le but d'entraîner une réforme sociale ou politique. Théorisée par Thoreau (1849) et mise en pratique par Gandhi (résistance passive) et Martin Luther King (droits civiques), elle ne vise pas à renverser le système légal mais à attirer l'attention sur une injustice. Sa légitimité morale est débattue : elle transgresse la loi tout en acceptant les sanctions, ce qui la distingue de la délinquance ordinaire.

Q455. Qu'est-ce que le secret professionnel et quelles exceptions existent en France ?

▶ Le secret professionnel est l'obligation légale faite à certains professionnels (médecins, avocats, notaires, assistants sociaux...) de ne pas divulguer les informations confidentielles dont ils ont connaissance dans l'exercice de leurs fonctions. Les exceptions légales au secret médical incluent : les maladies à déclaration obligatoire (MDO), la signalisation de maltraitances sur mineurs ou personnes vulnérables, les hospitalisations sans consentement en psychiatrie et l'alerte sur un patient présentant un danger grave pour autrui (arme à feu et trouble psychiatrique). La violation du secret professionnel est un délit pénal.

Q456. Qu'est-ce que le SMIC et comment évolue-t-il en France ?

▶ Le Salaire Minimum Interprofessionnel de Croissance (SMIC) est le salaire minimum légal en dessous duquel aucun salarié ne peut être payé en France. Il est revalorisé chaque 1er janvier selon une formule indexée sur l'inflation et sur la moitié du gain de pouvoir d'achat du salaire ouvrier, et peut faire l'objet de coups de pouce gouvernementaux supplémentaires. Au 1er novembre 2024, le SMIC brut est de 11,88 €/heure, soit environ 1 801 € brut mensuel pour 35 heures. Il est fixé par décret après consultation de la Commission nationale de la négociation collective.

Q457. **Qu'est-ce que le Plan Local d'Urbanisme (PLU) et qui le vote ?**

▶ Le Plan Local d'Urbanisme (PLU) est le principal document de planification de l'urbanisme à l'échelle communale ou intercommunale (PLUi). Il définit les règles d'utilisation du sol : zones constructibles ou non, hauteurs maximales, distances par rapport aux voies, emplacements réservés pour équipements publics. Il comprend un PADD (Projet d'Aménagement et de Développement Durables), un règlement écrit et des documents graphiques (zonage). Il est approuvé par le conseil municipal ou intercommunal après enquête publique et soumis au contrôle de légalité de la Préfecture.

Q458. **Qu'est-ce que la politique migratoire française et ses grands axes ?**

▶ La politique migratoire française vise à concilier le contrôle des flux migratoires, l'intégration des migrants en situation régulière et la protection internationale des personnes persécutées. Elle repose sur : l'immigration légale (regroupement familial, immigration professionnelle, étudiants), l'asile (OFPRA instruit les demandes, Cour Nationale du Droit d'Asile juge les recours), la lutte contre l'immigration irrégulière (reconduite aux frontières, rétention administrative) et les politiques d'intégration (cours de langue, contrat d'intégration républicaine).

Q459. **Qu'est-ce que le Pass Culture et à qui est-il destiné ?**

▶ Le Pass Culture est un dispositif gouvernemental donnant aux jeunes Français un crédit à dépenser dans des activités culturelles.

Depuis 2021, les jeunes de 18 ans reçoivent 300 euros utilisables via l'application éponyme pour des sorties culturelles, des abonnements, des achats d'œuvres ou des cours artistiques. Une part collective (20 à 25 euros par élève) est gérée par les établissements scolaires du secondaire pour des sorties de classe culturelles. L'objectif est de démocratiser l'accès à la culture et de soutenir les acteurs culturels.

Q460. **Qu'est-ce que le Revenu de Solidarité Active (RSA) jeunes et les débats autour de son extension ?**

▶ Le RSA est actuellement accessible aux personnes de 25 ans et plus (ou 18 ans en cas de parentalité), ce qui exclut la majorité des jeunes adultes qui traversent souvent des situations de précarité lors de leurs études ou de leur insertion professionnelle. La Garantie Jeunes (devenue Contrat d'Engagement Jeune / CEJ en 2022) vise ce public en proposant une allocation et un accompagnement intensif. Des débats récurrents portent sur l'extension du RSA aux 18-25 ans, soutenue par certains et rejetée par d'autres qui craignent un effet de désincitation au travail.

Q461. **Qu'est-ce que le bénévolat et comment est-il encadré en France ?**

▶ Le bénévolat est une participation volontaire, gratuite et désintéressée à l'activité d'une association, sans lien de subordination ni contrat de travail. En France, on compte plus de 13 millions de bénévoles dans 1,5 million d'associations. Le bénévolat peut ouvrir droit à un Compte d'Engagement Citoyen (CEC) alimenté en heures de bénévolat valorisables en formation. Les frais engagés par les bénévoles peuvent être remboursés ou faire l'objet d'un don fiscal déductible. Le bénévolat de compétences (apport de compétences professionnelles) se développe.

Q462. **Qu'est-ce que la cohésion sociale et comment l'État la favorise-t-il ?**

▶ La cohésion sociale désigne la capacité d'une société à assurer le bien-être de tous ses membres, à réduire les inégalités et à éviter la marginalisation, en créant un sentiment d'appartenance commune et de confiance mutuelle. L'État français la favorise par les politiques de solidarité (protection sociale, minima sociaux), les services publics universels (école, santé, transport), les politiques de lutte contre les discriminations, les dispositifs d'intégration et de mixité sociale (politique de la ville, logement social mixte) et le soutien au tissu associatif.

Q463. **Qu'est-ce que le burn-in et le burn-out et comment les distinguer ?**

▶ Le burn-in est un phénomène encore peu reconnu désignant l'état d'une personne qui s'investit intensément dans son travail pour fuir un malaise personnel ou une insatisfaction de vie, générant une accumulation silencieuse d'épuisement. Il précède souvent le burn-out (syndrome d'épuisement professionnel), état de rupture énergétique totale survenant brutalement après une longue phase de surfonctionnement. La distinction est importante car le burn-in ne présente pas encore les signes cliniques du burn-out mais nécessite déjà une intervention préventive.

Q464. **Qu'est-ce que la fracture numérique et comment la réduire ?**

▶ La fracture numérique désigne les inégalités d'accès et d'utilisation des technologies numériques, affectant particulièrement les personnes âgées, peu qualifiées, vivant en zones rurales ou dans la précarité. En France, 13 millions de personnes sont en situation d'illectronisme (difficulté ou incapacité à utiliser les outils numériques). Des dispositifs de médiation numérique existent : les Conseillers Numériques France Services (3 000 déployés), les Maisons France Services, les bibliothèques municipales et les aidants numériques associatifs.

Q465. **Qu'est-ce que l'accessibilité universelle et comment s'applique-t-elle en France ?**

▶ L'accessibilité universelle est le principe selon lequel les lieux, services, informations et activités doivent être utilisables par le plus grand nombre de personnes, quelles que soient leurs capacités physiques, sensorielles ou cognitives. En France, la loi du 11 février

2005 pour l'égalité des droits et des chances des personnes handicapées impose l'accessibilité des établissements recevant du public (ERP), des transports et des logements neufs. Le cadre bâti existant doit être mis en conformité progressivement via des Agendas d'Accessibilité Programmée (Ad'AP).

Q466. **Qu'est-ce que la médiation interculturelle et pourquoi est-elle utile ?**

▶ La médiation interculturelle est une pratique professionnelle visant à faciliter la communication et à réduire les incompréhensions entre des personnes de cultures différentes dans des contextes institutionnels (santé, social, éducation, justice). Le médiateur interculturel traduit non seulement les langues mais aussi les codes culturels, les représentations de la maladie, de la famille, de l'autorité. Elle est particulièrement utile dans les quartiers à forte diversité culturelle, les hôpitaux et les services de protection de l'enfance.

Q467. **Qu'est-ce que la démocratie participative et ses outils ?**

▶ La démocratie participative est un ensemble de mécanismes permettant aux citoyens de participer directement à la prise de décision politique, en complément de la démocratie représentative (élection de représentants). Ses outils incluent : le référendum local, les budgets participatifs (les citoyens votent pour des projets d'investissement public), les conseils de quartier, les consultations publiques, les jurys citoyens et les outils de démocratie numérique (pétitions en ligne, plateformes de concertation). La convention citoyenne pour le climat en est un exemple récent.

Q468. **Qu'est-ce que la garantie des accidents de la vie (GAV) et que couvre-t-elle ?**

▶ La Garantie des Accidents de la Vie (GAV) est une assurance privée couvrant les accidents de la vie courante (domestiques, de loisirs, médicaux, scolaires, de vacances) non couverts par les assurances obligatoires. Elle indemnise les dommages corporels à partir d'un taux d'incapacité de 30 % selon le barème AIPP (Atteinte à l'Intégrité Physique et Psychique). Elle complète la Sécurité sociale en prenant en charge les préjudices non professionnels que les régimes obligatoires ne couvrent pas.

Q469. Qu'est-ce que la retraite progressive et pour qui est-elle accessible ?

▶ La retraite progressive permet aux salariés d'au moins 60 ans (depuis la réforme de 2023) de cumuler une activité à temps partiel avec une fraction de leur pension de retraite de base et complémentaire. Ce dispositif facilite la transition douce vers la retraite complète, permet aux employeurs de transmettre les compétences aux jeunes recrutés et améliore le bien-être des salariés seniors. La pension partielle versée est recalculée à la liquidation définitive pour tenir compte des cotisations versées pendant la période de retraite progressive.

Q470. Qu'est-ce que le logement inclusif et les résidences partagées pour personnes handicapées ?

▶ Le logement inclusif est une forme d'habitat permettant aux personnes handicapées ou âgées en perte d'autonomie de vivre en milieu ordinaire avec des services d'accompagnement partagés, entre l'institution et le domicile isolé. Les habitats partagés (collocations inclusives) et les résidences accueil offrent une vie en communauté avec des auxiliaires de vie partagés. La loi ELAN de 2018 a créé un cadre légal pour le logement inclusif avec un forfait habitat inclusif financé par l'APA ou la PCH pour financer l'animation de la vie partagée.

Q471. Qu'est-ce que la solidarité intergénérationnelle et comment la favoriser ?

▶ La solidarité intergénérationnelle désigne les échanges réciproques entre générations différentes (jeunes, adultes, seniors, enfants). Elle est à la fois institutionnelle (transferts sociaux de la population active vers les retraités et les enfants via cotisations et impôts) et informelle (soutien familial, transmission des savoirs, entraide de voisinage). Des dispositifs la favorisent : la cohabitation intergénérationnelle (seniors hébergeant des jeunes), les maisons intergénérationnelles, les jumelages école-EHPAD et les programmes de transmission des savoir-faire artisanaux.

Q472. **Qu'est-ce que le congé de proche aidant et qui peut en bénéficier ?**

▶ Le congé de proche aidant est un congé légal permettant à un salarié de cesser temporairement ou de réduire son activité professionnelle pour s'occuper d'un proche en situation de handicap, de grande dépendance ou souffrant d'une maladie grave. Depuis octobre 2020, il est indemnisé par l'Allocation Journalière du Proche Aidant (AJPA) versée par la CAF. D'une durée maximale de 3 mois (renouvelable jusqu'à 1 an sur l'ensemble de la carrière), il peut être pris de façon fractionnée ou en temps partiel.

Q473. **Qu'est-ce que le service public de l'emploi (SPE) et qui le compose ?**

▶ Le Service Public de l'Emploi (SPE) est l'ensemble des acteurs contribuant au placement, à l'insertion et à la formation professionnelle des personnes à la recherche d'un emploi. Depuis 2024, France Travail (ex-Pôle Emploi) en est le pivot, avec missions élargies. Il comprend aussi : les Missions Locales (jeunes de 16-25 ans), Cap Emploi (personnes handicapées), les APEC (cadres), l'Afpa (formation), les maisons de l'emploi et les opérateurs privés de placement. La réforme France Travail vise à intégrer davantage les bénéficiaires du RSA dans le SPE.

Q474. **Qu'est-ce que la prime d'activité et qui peut la percevoir ?**

▶ La Prime d'Activité est une prestation sociale versée par la CAF aux travailleurs à revenus modestes (salariés, indépendants, apprentis de plus de 18 ans) pour compléter leurs revenus et encourager le retour à l'emploi. Son montant dépend des revenus du foyer, de sa composition et du statut de chaque membre. Elle est cumulable avec d'autres prestations (APL, allocations familiales). La demande se fait sur le site caf.fr et la prime est versée mensuellement. Environ 4 millions de foyers en bénéficient en France.

Q475. Qu'est-ce que l'accès aux droits et comment le simplifier pour les plus vulnérables ?

▶ L'accès aux droits est la capacité effective des citoyens à connaître, comprendre et exercer leurs droits sociaux, juridiques et civiques. Les personnes les plus vulnérables (illettrées, non-francophones, en situation de précarité numérique ou sociale) se heurtent souvent au non-recours aux droits (ne pas bénéficier de prestations auxquelles on a droit). Des dispositifs visent à simplifier l'accès : les Maisons France Services (guichet unique de proximité), les Points Conseil Budget, les permanences d'accueil juridique et les droits connexes automatiquement ouverts.

Q476. Qu'est-ce que le droit à l'image et dans quels cas s'applique-t-il ?

▶ Le droit à l'image est un droit fondamental protégeant la personne contre la reproduction ou la diffusion non autorisée de son image (photographie, vidéo, dessin). Il découle du droit au respect de la vie privée (article 9 du Code civil) et nécessite le consentement explicite de la personne pour toute utilisation de son image, sauf exceptions légales (personnalités publiques dans l'exercice de leurs fonctions, événements d'actualité). Le consentement des parents ou tuteurs est requis pour les mineurs. La violation peut entraîner des dommages et intérêts.

Q477. Qu'est-ce que le micro-crédit social et comment y accéder ?

▶ Le micro-crédit social (ou micro-crédit personnel) est un petit prêt (entre 300 et 8 000 euros) accordé à des personnes exclues du système bancaire classique pour financer un projet de vie (achat d'un véhicule pour accéder à l'emploi, formation, équipement du logement). En France, il est distribué par des associations comme l'ADIE ou les Restos du Cœur, en partenariat avec des banques et accompagné d'un suivi social. Le Fonds de Cohésion Sociale garantit une partie du prêt. Son taux de remboursement est remarquablement élevé (plus de 95 %).

Q478. Qu'est-ce que le congé paternité en France et comment a-t-il évolué ?

▶ Le congé paternité et d'accueil de l'enfant a été doublé en France depuis le 1er juillet 2021 : il est passé de 11 à 25 jours calendaires (28 pour une naissance multiple), dont 4 jours obligatoires immédiatement après la naissance. Il est indemnisé par l'Assurance Maladie à hauteur de 100 % du salaire net (dans les limites du plafond de la Sécurité Sociale). Son allongement vise à favoriser l'implication des pères dès les premiers jours de vie de l'enfant et à réduire les inégalités professionnelles entre femmes et hommes.

Q479. **Qu'est-ce que la prévention de la radicalisation et comment fonctionne-t-elle en France ?**

▶ La prévention de la radicalisation en France repose sur un dispositif multi-acteurs coordonné par l'UCLAT (Unité de Coordination de la Lutte Anti-Terroriste). Il comprend : le numéro vert Stop-Djihadisme (0 800 005 696) permettant aux proches de signaler des comportements préoccupants, les CPRAF (Cellules de Prévention de la Radicalisation et d'Accompagnement des Familles) dans chaque préfecture, des programmes de contre-discours en ligne et des dispositifs de suivi et d'accompagnement des personnes en voie de radicalisation (psychologues, travailleurs sociaux, éducateurs).

Q480. **Qu'est-ce que le plan local de prévention et d'intervention d'urgence (ORSEC) ?**

▶ ORSEC (Organisation de la Réponse de SEcurité Civile) est le dispositif français de gestion des crises et catastrophes, remplaçant depuis 2004 l'ancien plan ORSEC. Il est déclenché par le Préfet en cas de crise dépassant les capacités des services habituels (catastrophes naturelles, industrielles, sanitaires, attentats). Il coordonne l'ensemble des acteurs (SDIS, police, SAMU, collectivités, associations agréées de sécurité civile) selon un dispositif permanent de veille et de planification de scénarios de crise prédéfinis.

Q481. **Qu'est-ce que le droit de grève et ses limites en France ?**

▶ Le droit de grève est un droit constitutionnel reconnu depuis le Préambule de la Constitution de 1946. Il autorise les salariés à cesser collectivement le travail pour défendre des revendications professionnelles. Il s'exerce sans préavis dans le secteur privé (hormis pour les entreprises du dialogue social), avec un préavis de 5 jours dans les services publics essentiels (transports, éducation, énergie). Il est encadré : grève perlée et grève du zèle peuvent être considérées comme abusives, et les grévistes ne sont pas payés pendant l'arrêt de travail.

Q482. **Qu'est-ce que la responsabilité parentale et en quoi consiste l'autorité parentale ?**

▶ L'autorité parentale est l'ensemble des droits et devoirs des parents à l'égard de leur enfant mineur visant à assurer sa protection, son éducation, sa santé et son développement. Elle est exercée conjointement par les deux parents, mariés ou non (depuis la loi de 2002). Elle comprend le droit de garde (résidence de l'enfant), le droit de visite et d'hébergement, et la participation aux décisions importantes (santé, éducation, religion). Elle s'éteint à la majorité et peut être retirée par décision judiciaire en cas de danger grave pour l'enfant.

Q483. **Qu'est-ce que la gouvernance d'entreprise et les grands principes ESG ?**

▶ La gouvernance d'entreprise désigne l'ensemble des règles, processus et structures encadrant la gestion et le contrôle des entreprises dans l'intérêt de leurs parties prenantes. Les critères ESG (Environnementaux, Sociaux et de Gouvernance) sont devenus des indicateurs clés d'évaluation de la responsabilité des entreprises : empreinte carbone et gestion des ressources (E), conditions de travail, égalité et impact communautaire (S), transparence, composition du conseil d'administration et lutte contre la corruption (G). Ils influencent de plus en plus les décisions d'investissement.

Q484. **Qu'est-ce que la sociologie des organisations et comment expliquer les dysfonctionnements institutionnels ?**

▶ La sociologie des organisations étudie le fonctionnement des organisations (entreprises, administrations, associations) en analysant les comportements collectifs, les jeux d'acteurs, les logiques de pouvoir et les phénomènes de résistance au changement. Des auteurs comme Michel Crozier (Le Phénomène bureaucratique) ou Renaud Sainsaulieu ont montré que les membres d'une organisation développent des stratégies individuelles pour maximiser leur marge de liberté face aux contraintes, ce qui explique des dysfonctionnements apparents (rigidités, résistances, cloisonnements) qui sont en réalité rationnels pour les acteurs.

Q485. **Qu'est-ce que l'intelligence collective et comment la mobiliser en réunion ?**

▶ L'intelligence collective est la capacité d'un groupe à résoudre des problèmes et à prendre des décisions de qualité supérieure à celle d'un seul individu, à condition de créer des conditions favorables à l'émergence des idées de tous. En réunion, elle se mobilise par des méthodes participatives : le World Café (conversations en petits groupes rotatifs), les cercles de dialogue, la méthode Delphi (consultation structurée d'experts), le design thinking, le co-développement professionnel et les outils numériques collaboratifs (Miro, Mentimeter, Klaxoon).

Q486. **Qu'est-ce que la réforme de l'État et la modernisation du service public ?**

▶ La modernisation du service public désigne les réformes visant à améliorer l'efficacité, la qualité et l'accessibilité des services publics tout en maîtrisant les dépenses. En France, les réformes récentes incluent : la dématérialisation des démarches administratives (France Connect, mon.service-public.fr), la réorganisation territoriale (regroupement de régions en 2016), la création des Maisons France Services (guichet unique de proximité), le développement du management public par les résultats (objectifs et indicateurs de performance dans les budgets) et la réforme de la haute fonction publique (fusion des corps).

Q487. **Qu'est-ce que la loi sur la liberté de la presse de 1881 et pourquoi est-elle fondamentale ?**

▶ La loi du 29 juillet 1881 sur la liberté de la presse est l'un des textes fondateurs de la démocratie républicaine française. Elle pose le principe de la liberté d'imprimer et de publier, tout en définissant des infractions spécifiques : la diffamation (imputation d'un fait portant atteinte à l'honneur), l'injure, la provocation à la haine ou à la discrimination, l'apologie de crimes contre l'humanité et la fausse information en période électorale. Ces délits relèvent d'une procédure spéciale (courte prescription de 3 mois, tribunal correctionnel).

Q488. **Qu'est-ce que la mixité sociale à l'école et comment la favoriser ?**

▶ La mixité sociale à l'école désigne la présence d'élèves d'origines sociales diverses au sein d'un même établissement scolaire. Elle est perçue comme favorable à la réduction des inégalités de réussite scolaire et à la cohésion sociale. En France, la sectorisation scolaire garantit théoriquement cette mixité, mais la carte scolaire est contournée par certaines familles (dérogations, écoles privées). Des politiques volontaristes visent à améliorer cette mixité : révisions des secteurs scolaires, internat d'excellence, labels de mixité sociale dans certains collèges.

Q489. **Qu'est-ce que la loi PACTE de 2019 et ses innovations pour les entreprises ?**

▶ La loi PACTE (Plan d'Action pour la Croissance et la Transformation des Entreprises) du 22 mai 2019 vise à libérer la croissance des entreprises françaises. Ses principales innovations sont : la création de la société à mission (statut permettant d'inscrire une raison d'être sociale ou environnementale dans les statuts), la simplification de la création et de la liquidation d'entreprise, la facilitation de l'épargne salariale et de l'actionnariat salarié, la réforme du Fonds d'épargne en actions (PEA) et l'ouverture du capital de la FDJ et d'Aéroports de Paris.

Q490. **Qu'est-ce que la protection sociale complémentaire et comment choisir sa mutuelle ?**

▶ La protection sociale complémentaire est l'ensemble des garanties (mutuelles, assurances, institutions de prévoyance) qui complètent les remboursements de la Sécurité Sociale. Depuis 2016, une complémentaire santé collective est obligatoire dans toutes les entreprises du secteur privé, financée au minimum à 50 % par l'employeur. Pour choisir une mutuelle individuelle, il faut comparer les taux de remboursement (en % de la base de remboursement Sécu), les plafonds de garanties (optique, dentaire, hospitalisation) et les exclusions de garanties, selon ses besoins de santé et son budget.

Q491. Qu'est-ce que la transition professionnelle et les dispositifs d'accompagnement ?

▶ La transition professionnelle désigne le passage d'un emploi, d'un secteur ou d'un statut professionnel à un autre, motivé par un souhait d'évolution, une reconversion ou une contrainte économique. En France, les principaux dispositifs d'accompagnement sont : le CPF de Transition Professionnelle (financement d'une formation longue certifiante jusqu'à 24 mois avec maintien de rémunération), le bilan de compétences (20 heures, finançable par le CPF), le conseil en évolution professionnelle (CEP, gratuit, assuré par des opérateurs agréés) et l'Aide à la Reprise ou à la Création d'Entreprise (ARCE).

Q492. Qu'est-ce que la médecine du travail et ses missions principales ?

▶ La médecine du travail (ou service de prévention et de santé au travail) a pour seule mission la protection de la santé des travailleurs au sens large. Le médecin du travail réalise des visites médicales périodiques, des visites de reprise après arrêt maladie et des consultations spontanées. Il conseille l'employeur sur l'adaptation des postes, les conditions de travail et la prévention des risques. Il n'émet pas de prescriptions médicales mais peut orienter vers des spécialistes. Son indépendance médicale est garantie même s'il est financé par l'employeur via les cotisations.

Q493. Qu'est-ce que le testament et les différentes formes possibles en France ?

▶ Le testament est un acte juridique par lequel une personne (le testateur) exprime ses dernières volontés concernant la transmission de son patrimoine après son décès. En France, il existe trois formes :

le testament olographe (écrit entièrement à la main, daté et signé, sans intervention d'un notaire), le testament authentique (dicté devant notaire et deux témoins, le plus sécurisé) et le testament mystique (rédigé secrètement, puis remis clos à un notaire). Tout testament doit respecter la réserve héréditaire (part minimale revenant aux enfants).

Q494. Qu'est-ce que le système éducatif français et ses principaux cycles ?

▶ Le système éducatif français est organisé en plusieurs cycles. L'enseignement obligatoire couvre les 6-16 ans et comprend : l'école primaire (maternelle PS/MS/GS et élémentaire CP/CE1/CE2/CM1/CM2), le collège (6e à 3e) avec le brevet des collèges en fin de cycle, et le lycée (2nde, 1ère, Terminale) conduisant au baccalauréat. Après le bac, l'enseignement supérieur comprend les IUT, BTS, licence (3 ans), master (5 ans) et doctorat (8 ans), dans les universités et grandes écoles. La réforme du baccalauréat de 2021 a modifié l'organisation des épreuves.

Q495. Qu'est-ce que le plan épargne retraite (PER) et comment fonctionne-t-il ?

▶ Le Plan d'Épargne Retraite (PER) est un produit d'épargne à long terme créé par la loi PACTE en 2019 pour remplacer les anciens produits PERP, Madelin et PERCO. Il permet de se constituer une épargne défiscalisée sur le long terme (les versements sont déductibles du revenu imposable dans la limite d'un plafond annuel). À la retraite, le capital peut être récupéré en capital, en rente viagère ou en combinant les deux. Des cas de déblocage anticipé existent (achat de résidence principale, invalidité, décès du conjoint, surendettement).

Q496. Qu'est-ce que le Haut Conseil à l'Égalité entre les femmes et les hommes (HCEfh) ?

▶ Le Haut Conseil à l'Égalité entre les femmes et les hommes (HCEfh) est une instance consultative française créée en 2013, rattachée au Premier ministre, chargée d'assurer la concertation sur les politiques publiques en matière d'égalité entre les sexes. Il formule des recommandations sur les violences faites aux femmes, les inégalités professionnelles, la parité politique, les stéréotypes de genre dans les médias et les droits reproductifs. Il publie des rapports annuels qui alimentent le débat public et le travail législatif.

Q497. **Qu'est-ce que le service national universel (SNU) et quels en sont les objectifs ?**

▶ Le Service National Universel (SNU) est un dispositif expérimental lancé en 2019 visant à renforcer la cohésion nationale et à développer l'engagement citoyen chez les jeunes de 15-17 ans. Il comporte un séjour de cohésion de 12 jours (vie en collectivité, activités sportives, civiques et de défense) et une mission d'intérêt général de 84 heures auprès d'associations, d'administrations ou de structures de la sécurité civile. Son universalisation progressive est en cours, avec un débat sur son caractère facultatif ou obligatoire.

Q498. **Qu'est-ce que la santé environnementale et pourquoi devient-elle une priorité ?**

▶ La santé environnementale est une discipline qui étudie les relations entre les facteurs environnementaux (pollution de l'air, de l'eau, du sol, pesticides, perturbateurs endocriniens, ondes, bruit) et la santé humaine. Selon l'OMS, 23 % des décès dans le monde sont attribuables à des facteurs environnementaux évitables. Le Plan National Santé Environnement (PNSE 4, 2021-2025) en France vise à réduire les expositions aux substances toxiques, améliorer la qualité de l'air intérieur, diminuer l'exposition aux perturbateurs endocriniens et développer les villes favorables à la santé.

Q499. **Qu'est-ce que la semaine européenne pour l'emploi des personnes handicapées (SEEPH) ?**

▶ La Semaine Européenne pour l'Emploi des Personnes Handicapées (SEEPH) est un événement annuel organisé chaque novembre pour favoriser l'insertion professionnelle des personnes en situation de handicap et faire évoluer les représentations dans le monde du travail. En France, elle est organisée par l'AGEFIPH (secteur privé) et le FIPHFP (secteur public). Elle mobilise des entreprises, associations et pouvoirs publics autour d'actions concrètes : forums emploi, témoignages, sensibilisations, annonces de bonnes pratiques. L'obligation d'emploi des travailleurs handicapés (OETH) impose 6 % de l'effectif.

Q500. Qu'est-ce que la prévention bucco-dentaire et pourquoi est-elle importante dès l'enfance ?

▶ La prévention bucco-dentaire vise à éviter les caries, les maladies parodontales (gencives) et les malocclusions dentaires. Elle repose sur un brossage de dents deux fois par jour avec un dentifrice fluoré adapté à l'âge, une alimentation limitée en sucres rapides, l'utilisation du fil dentaire et des consultations régulières chez le chirurgien-dentiste (remboursées par l'Assurance Maladie dans le cadre du dispositif M'T dents pour les enfants de 3 à 24 ans). La prévention précoce évite des soins coûteux et douloureux à l'âge adulte et contribue à la santé générale.

CONCLUSION

Vous voilà au terme de ces 500 questions-réponses. Si vous avez travaillé ce livre avec régularité et méthode, vous avez désormais parcouru l'ensemble du programme officiel de PSE — des mécanismes de la santé aux gestes de premiers secours, de la prévention des risques professionnels aux enjeux du développement durable, des droits du salarié aux fondements de notre protection sociale.

Ce que vous avez construit

Réviser avec des questions-réponses, c'est bien plus que mémoriser des faits. C'est entraîner votre cerveau à récupérer une information sous pression, à formuler une réponse claire et structurée, à hiérarchiser l'essentiel. Ces compétences sont exactement celles que l'examen PSE évalue — et elles vous seront utiles bien au-delà du CAP.

Vous avez aussi, peut-être sans vous en rendre compte, construit une culture générale solide sur des sujets qui touchent directement votre quotidien : comment réagir face à une personne en arrêt cardiaque, quels sont vos droits en cas d'accident du travail, pourquoi trier ses déchets ou comment fonctionne la Sécurité sociale. Ce sont des savoirs qui ont une valeur réelle, concrète, durable.

Pour aller plus loin

Si certaines questions ont éveillé votre curiosité sur un thème particulier, n'hésitez pas à approfondir : les ressources officielles de Santé Publique France, de l'INRS (Institut National de Recherche et de Sécurité) ou de l'ADEME sont accessibles gratuitement en ligne et offrent des contenus complets sur l'ensemble des thématiques abordées.

Le jour de l'examen

Faites confiance au travail accompli. Lisez attentivement chaque question, prenez le temps de structurer mentalement votre réponse avant d'écrire, et n'oubliez pas que les correcteurs attendent des réponses précises et organisées — exactement comme celles que vous avez entraînées tout au long de ce livre.

La réussite est le fruit d'une préparation sérieuse. Vous avez fait ce qu'il fallait. Allez-y avec confiance.